ANIMAUX ET PLANTES

A IMPORTER OU A DOMESTIQUER

DANS

L'EUROPE MOYENNE

DE LA MÊME COLLECTION :

La Race mérine, par ÉMILE BAUDEMENT. 1 vol. in-18 jésus... 2 fr.

Principes de Zootechnie, par ÉMILE BAUDEMENT. 1 vol. in-18 jésus (*Sous presse*).

Mortalité hygiénique et alimentation du bétail, par M. A. GOBIN. 1 vol. in-18 jésus (*Sous presse*).

CORBEIL, typ. et stér. de CRÉTÉ.

BIBLIOTHÈQUE DE L'AGRICULTURE

Publiée sous la direction de J. A. BARRAL

Membre de la Société impériale et centrale d'Agriculture de France,
Directeur du *Journal de l'Agriculture*, etc.

ANIMAUX ET PLANTES

A IMPORTER OU A DOMESTIQUER

DANS

L'EUROPE MOYENNE

PAR

LE DOCTEUR SACC

Professeur à l'Académie de Neufchâtel, en Suisse
Chevalier de l'ordre de Frédéric, etc., etc.

PARIS

LIBRAIRIE D'ÉDUCATION ET D'AGRICULTURE

DE CHARLES DELAGRAVE ET Cie

RUE DES ÉCOLES, 78

1868

PREMIÈRE PARTIE

LES ANIMAUX

AVANT-PROPOS

Le volume que nous publions est dû à un de
nos plus anciens et meilleurs collaborateurs. M. le
docteur Sacc a le privilége de joindre à de profondes
connaissances en chimie et en histoire naturelle
la faculté de bien observer et de bien dire. Il est
cependant sobre de paroles, trop sobre peut-être,
comme on le verra dans les pages suivantes. On
voudrait parfois qu'il donnât des conseils plus dé-
veloppés. Mais, au moins, on peut se fier à lui.
Pour l'acclimatation dans nos contrées des animaux ou des plantes qui habitent sous d'autres
cieux, il est nécessaire d'avoir un bon guide, si
l'on ne veut pas courir le risque de faire des dépenses inutiles et des essais infructueux. Depuis
que, à la suite de la fondation de la Société zoologique d'acclimatation de France, due à l'initiative
et à la puissante persévérance de feu Isidore Geof-
froy-Saint-Hilaire, il s'est formé dans presque

toutes les principales villes de l'Europe des jardins
et des parcs où sont essayées l'acclimatation et
même la domestication des espèces inconnues à
nos climats, il a été réuni un assez grand nombre
de faits positifs pour permettre aux particuliers
d'entrer eux-mêmes en lice. Ce sont ces faits que
M. Sacc nous a paru avoir bien condensés. En suivant ses indications, on réalisera vraiment l'acclimatation, car il faut la diffusion dans de nombreuses cultures, ou bien au milieu des cours des
fermes ou des métairies, pour que l'appropriation
d'une plante ou d'un animal nouveau soit défini-
tive dans un pays. C'est la vulgarisation qui seule
ici peut assurer la conquête.

En outre, des espèces qui vivent déjà à l'état
sauvage, peuvent devenir domestiques, habiter
la maison, la cour ou le jardin. Des races ne sont
connues que dans quelques localités et elles méritent de se répandre.

M. Sacc a bien compris quels progrès sont à
faire pour augmenter le nombre des compagnons
ou des serviteurs de l'homme. Dans la demeure du
roi de la création, doivent se trouver tous les êtres
remarquables par la beauté et l'utilité.

J.-A. B.

ANIMAUX

A IMPORTER OU A DOMESTIQUER

DANS

L'EUROPE MOYENNE

I

Yak. — Zébu. — Renne. — Chèvre d'Angora. — Chèvre d'Égypte.
Mouton de l'Yémen. — Mouton du Larzac, etc.

Comme le prix de la viande va croissant sans cesse, il
serait important de remplacer le cheval partout où cela
est possible par les yaks et les zébus, puisqu'ils en ont
les allures rapides et soutenues, qu'ils sont tout aussi
faciles à conduire, et qu'ils ont sur lui l'avantage de
fournir en abondance une viande excellente, quand l'âge
ou un accident force à les abattre. Comme le yak ou
bœuf à laine du Thibet réunit à tous les avantages du
zébu celui d'une rusticité complète, c'est lui que nous
avons surtout en vue, et nous n'aurions proposé que lui,
si la rareté n'en élevait pas le prix au point de le rendre
inabordable à la bourse de la plupart des cultivateurs.
Ces utiles animaux, bien que répandus sur tout l'immense territoire de l'Asie centrale, n'étaient connus que

1.

par les récits des voyageurs, lorsqu'il y a dix ans, un homme complétement dévoué au bien public, M. de Montigny, alors consul de France à Shang-Haï, n'hésita pas à risquer, quoique père de famille, la totalité de sa petite fortune pour doter la France d'une nouvelle source de richesse qu'il envisageait, avec raison, comme devant être un jour d'une portée immense. Malgré une traversée des plus orageuses, le petit troupeau arriva en France en bonne santé, et augmenté de plusieurs veaux nés en route. Le gouvernement le partagea entre le Jardin des Plantes, la Société d'acclimatation et le feu duc de Morny qui eut, pour sa part, une admirable paire de yaks noirs sans cornes ; le Jardin garda les blancs, avec et sans cornes, et la Société d'acclimatation reçut les gris avec et sans cornes, outre quelques individus noirs et blancs qui furent parqués d'abord dans son Jardin du bois de Boulogne, et confiés plus tard à quelques-uns d'entre ses membres. Partout où on les introduisit, ces intéressants animaux prospérèrent admirablement : à Paris comme à Clermont, à Grenoble comme à Remiremont, à Stuttgart comme à Londres, Anvers, Cologne et Hambourg, en sorte que leur multiplication, parfaitement assurée, rend leur importation dans toutes les fermes probable d'ici à une dizaine d'années.

Quoique le yak (*fig.* 1) ait un pied fourchu, son sabot est étroit et haut comme celui du cheval auquel il ressemble par son tronc et sa tête, ressemblance que complète sa queue garnie de longs crins, absolument comme celle du cheval; la seule chose qui le dépare

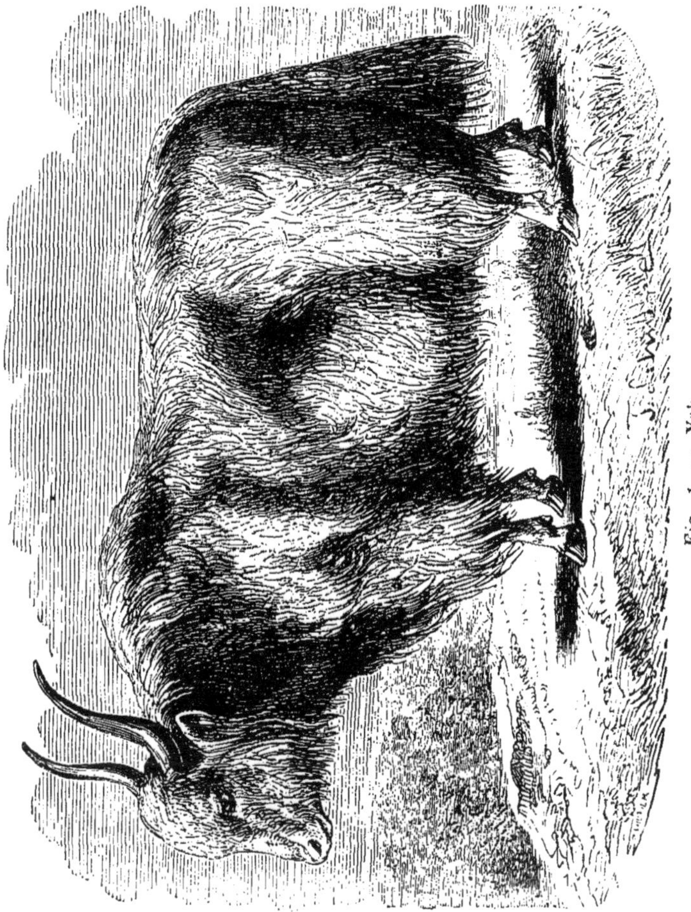

Fig. 1. — Yak.

est l'excroissance en forme de bosse peu saillante, il est vrai, de son garrot, qui le force à tenir la tête basse. Extrêmement doux et docile, le yak se conduit à l'aide d'un simple bridon serré autour de la tête, et aux deux côtés duquel aboutissent les rênes; il est plus intelligent que la vache domestique et infiniment plus agile; car il saute par-dessus des barrières assez élevées, et marche sans broncher, aussi bien dans les neiges et sur les glaces que dans les plaines et sur les chemins remplis de pierres roulantes des montagnes. Servant de cheval de selle à toute la population des hauts plateaux du Thibet, le yak se laisse aussi facilement atteler et développe alors toute sa force, qui est telle, qu'on a vu un yak soulever et jeter par-dessus son dos un taureau commun presque deux fois plus gros que lui. Ces animaux vivent en petits troupeaux d'une douzaine de têtes composés de vaches et de veaux, sous la garde d'un vieux mâle qui veille sur eux avec la plus grande sollicitude. Les femelles sont de la grandeur des petites vaches de Schwitz, et les mâles ont une taille presque double; les veaux ressemblent à de gros moutons, dont ils ont la laine fine et frisée; plus tard, les anneaux laineux s'ouvrent et s'étalent en larges boucles qui tombent en ondoyant de chaque côté du corps. En hiver, lorsque la laine ayant acquis tout son développement couvre en entier l'animal et tombe jusqu'à terre, le yak a l'aspect d'un gigantesque manchon garni à une de ses extrémités d'une jolie tête de vache, et à l'autre d'une belle queue de cheval. Il fait rarement entendre sa voix qui ressemble beaucoup plus à un sourd grognement

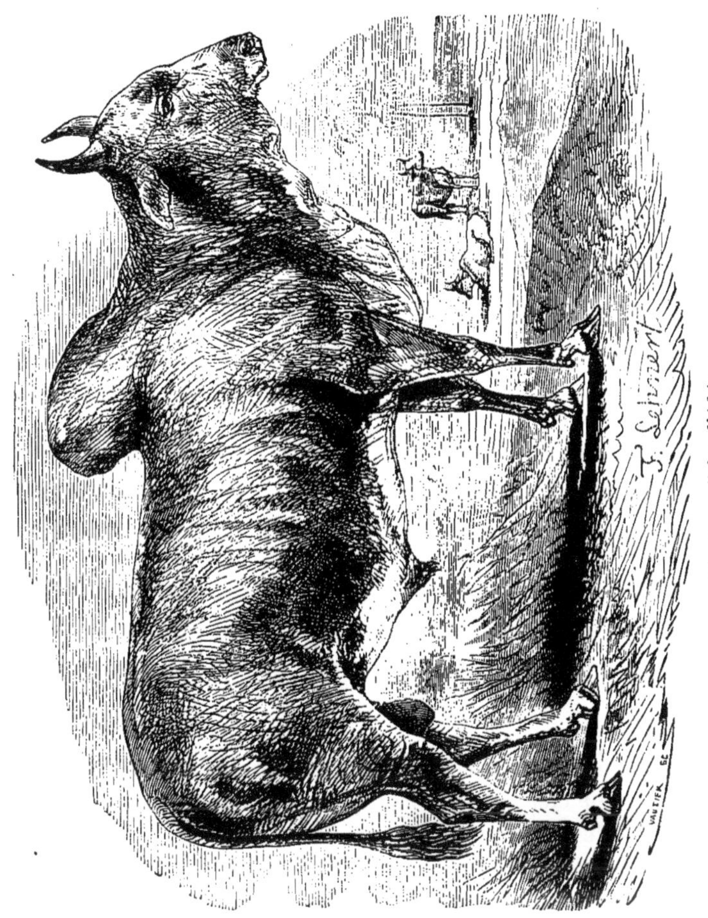

Fig. 2. — Zébu d'Afrique.

qu'au beuglement des vaches. Son développement est rapide, sa chair et son lait abondants et excellents. Quant à la laine, elle semble destinée plutôt à défendre l'animal contre les intempéries de l'air, qu'à servir de point de départ à une nouvelle industrie ; c'est plutôt un poil grossier ou un crin fin que de la laine ; cependant comme il se feutre, on peut en faire des tapis, de grossiers tissus, ou en garnir des matelas. Les crins de la queue sont plus longs, plus fins et plus beaux que ceux des chevaux et sont employés par les Turcs en guise d'étendards. Le yak mérite donc toute l'attention des agriculteurs, puisqu'à tous les avantages de la vache commune il réunit les allures du cheval, une rusticité qui lui permet de passer toute l'année en plein air, et la production abondante d'un poil que l'industrie peut utiliser.

Le zébu (*fig.* 2), ou bœuf à bosse de l'Inde, a sur le yak l'avantage d'une taille généralement plus grande, puisque, chez l'espèce qu'on emploie dans les messageries des Indes, elle atteint et dépasse même celle des plus grands chevaux ; mais son corps, couvert seulement d'un poil fin et court, nécessite pour lui l'emploi de l'étable et des couvertures de laine durant la mauvaise saison. Remarquablement docile et intelligent, ce charmant animal, qui a toute la sveltesse du cerf, remplace complétement, dans les pays chauds, la vache commune et le cheval, parce qu'il ne craint pas la chaleur, ce qui lui permet de faire les plus longues courses sans en souffrir. On lui a beaucoup reproché de manquer de

lait, mais c'est là une erreur provenant de ce qu'on
n'expédie en Europe que des zébus de course qui sont
aux zébus laitiers ce que les gigantesques bœufs des
steppes de la Russie méridionale sont à nos petites races
laitières. Les vaches zébus de Ceylan sont d'excellentes
laitières; elles sont de moyenne taille, généralement
sans cornes, et de pelage gris clair; c'est là la race qui
seule a de l'avenir en Europe; mais elle est si recherchée
dans sa patrie, qu'il n'en est venu encore qu'une seule
paire en France, qu'on peut voir au Jardin des Plantes
de Paris, où elle s'est reproduite. Dans l'Afrique aus-
trale, le zébu est adjoint sous le nom de *bakeli* aux troupeaux de bêtes à cornes communes pour les garder; car,
non-seulement il les empêche de s'écarter de leurs pâturages, mais il les défend contre les bêtes féroces et
empêche les étrangers de s'en approcher. Un bon bakeli
a une valeur considérable, car de sa sagacité dépend le
salut de tout le troupeau; mais il paraît que ces excellents animaux ne sont jamais au-dessous de la tâche
qu'on leur confie.

Le bœuf musqué qu'on trouve en Islande et dans tout
le nord de l'Amérique n'a pas encore été domestiqué,
en sorte qu'on ne sait rien de positif sur les services
qu'il pourrait rendre à l'homme. Son excessive rusticité, la bonté de sa chair, sa force et les longs poils
soyeux qui couvrent tout son corps donnent à croire
cependant que, si on parvenait à l'apprivoiser, il pourrait nous être aussi utile que le yak.

Le renne est une espèce de cerf qu'on trouve dans

tout le nord de l'hémisphère boréal où il constitue la principale richesse des habitants de ces terres désolées, auxquels il fournit sa peau pour leurs habits, sa force pour les traîner, sa chair et son lait. La viande de cet animal possède une délicatesse et une saveur exquises, qui rappellent celles de la chair du chevreuil ; salée et fumée, elle se conserve indéfiniment et donne lieu à un commerce assez étendu ; quant au lait, qui est peu abondant, il est très-gras, et sert à fabriquer un excellent fromage.

Trop petits pour être montés, les rennes sont, par contre, de bonnes bêtes de trait, qu'on attelle à des voitures légères, en ayant soin, lorsqu'on en met plusieurs, de les placer les uns au-devant des autres, afin que leurs bois, dont l'envergure est énorme, ne les gênent pas dans la marche ; on les dirige avec une corde attachée à la base d'un des bois, et avec laquelle on frappe l'animal à droite ou à gauche pour le faire aller du côté opposé. Ce cerf, ne redoutant pas les froids les plus intenses, n'a pas besoin d'abris artificiels, et comme il est très-sobre, sa nourriture n'est pas coûteuse ; son importation serait donc bien désirable sur les hauts plateaux marécageux des Alpes, des Pyrénées, du Jura et des Vosges, qu'il pourrait enrichir en leur faisant produire un gibier très-recherché pour la finesse de sa chair, et en leur donnant une nouvelle source de lait, et une bête de trait employable dans tous les cas où il ne s'agit pas de transporter des fardeaux excessivement lourds. Cet animal ne fait qu'un petit par an ; mais son développement est si rapide, qu'il est adulte en douze mois; il est très-doux et docile. Son alimentation ne serait

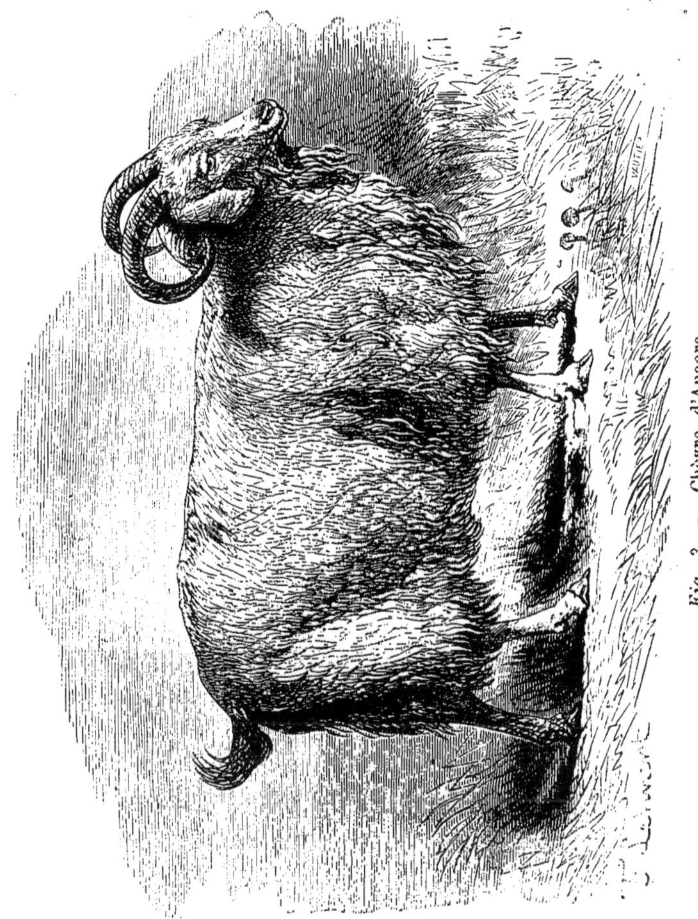

Fig. 3. — Chèvre d'Angora.

pas coûteuse, puisqu'en hiver il va chercher lui-même, sous la neige, les lichens qui, à eux seuls, constituent sa maigre nourriture, et auxquels ne touche jamais aucun de nos autres animaux domestiques.

La chèvre d'Angora (*fig.* 3) est, après le yak, la plus précieuse acquisition que nous puissions faire. Cette espèce, toute différente de la commune, en possède la taille ; mais elle se couvre en hiver d'une laine soyeuse qui atteint jusqu'à 75 centimètres de long et descend en boucles ondoyantes depuis le dos jusqu'à terre ; cette laine se détache d'elle-même au printemps.

Il y a des chèvres d'Angora noires et de blanches ; toutes ont la peau très-fine et s'engraissent facilement ; leur chair est grasse, succulente et exempte de l'odeur désagréable de la chèvre commune. Les cornes des femelles sont contournées en spirale de chaque côté de la tête, tandis que, chez les mâles, elles s'élèvent obliquement au-dessus d'elle, en longues spirales à pas très-ouvert ; les oreilles sont longues et pendantes, le naturel très-doux et caressant. Quoique originaire de l'Asie Mineure, cette belle chèvre ne craint pas les froids les plus rigoureux ; mais elle redoute beaucoup l'humidité, ce qui fait qu'à la moindre pluie elle regagne à toutes jambes sa bergerie, et qu'il suffit d'une poignée de fourrage mouillé pour la rendre malade ; il ne faut donc l'alimenter qu'avec des fourrages secs ; c'est là son unique exigence, car elle mange de tout avec avidité et s'engraisse avec de la paille et des branches de sapin auxquelles la chèvre commune ne touche pas. Son lait est gras, abondant et sans goût désagréable. Chaque bête donne environ 2 kilogrammes d'une laine soyeuse d'autant plus fine que l'animal est plus jeune, et valant environ 6 francs le kilog. ; elle est très-recherchée pour la confection des velours d'Utrecht qu'on emploie pour couvrir les meubles ; elle doit cette préférence à une propriété dont elle jouit seule entre toutes les fibres textiles, celle d'être souple et brillante, sans se laisser écraser et feutrer par l'usage ; de plus, à raison de sa structure particulière, on ne peut la tacher avec des corps gras, parce que, les laissant glisser sur sa surface ferme et lisse, elle les laisse passer dans la doublure des meubles. L'angora joue encore un rôle très-important dans la confection des tissus mêlés, autant parce qu'il leur donne du corps et de l'éclat, que parce qu'il se laisse teindre avec toutes les matières colorantes indifféremment, ce qui n'est le cas pour aucune de ses congénères, car les couleurs qu'on emploie pour le coton ne se fixent pas sur la laine, et celles qui sont bonnes pour la laine ne conviennent pas toutes à la soie. Les chèvres d'Angora font un à deux petits par an ; la toison de ces derniers est frisée, et d'une si remarquable finesse qu'elle pourrait servir à fabriquer d'admirables pelleteries. La peau des adultes est employée, garnie de sa laine, à faire des tapis de pied vraiment inusables ; nous en avons un depuis vingt ans ; il est aussi beau que le jour où nous l'avons acheté à Vienne chez un pelletier qui l'avait tiré de Constantinople. Ces animaux sont aussi faciles à conduire et aussi doux que des moutons, en sorte que leur substitution à la chèvre commune est désirable sous tous les rapports ; aussi faisons-nous des vœux pour que les agriculteurs en apprécient bien toute la valeur.

Nous ne parlerons qu'en passant de la chèvre d'Égypte, parce qu'elle est tellement sensible au froid que son importation directe serait impossible. Cette grande espèce, très-haute sur jambes, a un profil rendu hideux par l'enfoncement du nez au-devant duquel s'allongent la lèvre et la mâchoire inférieure, et des oreilles pendantes si longues qu'elles descendent chez certains individus jusqu'aux genoux. Cette espèce, qui est le type des bonnes laitières, se reproduit plus rapidement qu'aucune autre. Nous en avons possédé un individu qui donnait 4 litres de lait, et fit en un an deux portées, l'une de quatre et l'autre de cinq petits ; le lait est de moitié plus gras que celui de vache ; aussi lui ajoute-t-on, pour l'usage, un égal volume d'eau. A Alexandrie, où cette chèvre est particulièrement soignée, ses mamelles, qui ont la forme d'un gigantesque pain de sucre, acquièrent un développement tel, qu'elles l'empêcheraient de marcher si on ne les soutenait à l'aide d'une double sangle qui, passant dessous, va se boucler au-dessus des jambes de derrière. Elle ne mange que des fourrages secs, et dans sa patrie on l'alimente uniquement avec de la paille et des grains.

Le mouton de l'Yémen (*fig.* 4) ou de l'Arabie-Heureuse est un vrai type de bête à lait, à chair et à graisse ; son corps cylindrique est porté sur quatre jambes courtes et fines ; son cou court et gros, sa tête petite ; sa queue, fine aussi, est garnie à sa base, de chaque côté,

Fig. 4. — Moutons de l'Yémen.

d'une loupe grosse comme la main et pleine d'une graisse demi-liquide si recherchée qu'on la paye sur place jusqu'à 6 fr. le kilogramme. Bien que quelques individus aient des oreilles, la plupart en sont privés, et cela au point que, non-seulement l'oreille extérieure fait défaut, mais que le conduit auditif même est oblitéré. Les portées sont de 1 à 2 agneaux dont le développement est si rapide, qu'il est complet à 8 ou 9 mois. Le poil est court, grossier, serré, blanc en arrière et noir de jais sur l'avant-train ; il est garni à sa base d'une abondante laine brune, dont la finesse dépasse celle du cachemire et peut devenir le point de départ d'une fructueuse industrie. Comme la chair de ce mouton est parfaite, de même aussi que son lait, son importation en Europe est d'autant plus désirable, qu'il permettra de faire mieux valoir qu'avec des vaches toutes les terres brûlées du midi de la France. Comme cet animal vient des parties les plus chaudes de l'Arabie, il faudra, dans les régions tempérées, tenir les individus récemment importés dans des étables chaudes et ne les laisser sortir qu'au gros de l'été ; toutes ces précautions pourront être mises de côté avec leurs descendants qui seront aussi robustes que les moutons communs.

Le mouton du Larzac (*fig. 5*) a sur celui de l'Yémen l'avantage d'une grande rusticité et d'une toison de seconde qualité, mais abondante ; par contre, sa chair est moins fine, et il est moins facile à engraisser. C'est une variété du mouton commun obtenue par des croisements bien entendus de la race des Cévennes avec les

races barbarine, New-Kent et mérinos, qui lui ont
donné la fertilité, la taille et la finesse de la laine sans
lui rien ôter de son incroyable rusticité ; elle est essentiellement recherchée pour son lait avec lequel on fa-
brique les célèbres fromages de Roquefort qui, depuis

Fig. 5. — Mouton du Larzac.

quelques années, sont tellement recherchés, qu'on vient
les enlever frais aux producteurs, au fabuleux prix de
1 franc le kilogramme ; aussi cette lucrative industrie
a-t-elle enrichi toute cette contrée montagneuse qui
n'a d'autre ressource que celle qu'elle tire de ses troupeaux. Ce mouton vient bien dans les montagnes sèches ;
il donne en moyenne 1 litre de lait pendant 8 mois,
et coûte sur place de 50 à 60 fr. l'un.

Si l'importation des moutons du Larzac peut donner

d'emblée de beaux résultats, nous pensons cependant que celle des moutons de l'Yémen, quoique d'une utilité directe moins certaine, a plus d'avenir, autant à cause de leur aptitude à prendre la graisse que de l'abondance de leur lait, de la perfection de leur chair et de l'excessive finesse de leur laine.

II

Le castor (*fig.* 6), ce gigantesque rat qui habitait ja-
dis les bords de nos lacs et de nos rivières, en a disparu
sous l'influence de la chasse à mort qu'on lui a faite

Fig. 6. — Castor.

pour s'emparer de sa chair savoureuse, et plus encore,
de sa pelisse célèbre entre toutes. Cet innocent animal,
qui sait, avec un art si extraordinaire, se garantir de

2

l'action des basses et des hautes eaux, tantôt en élevant des digues, tantôt en se construisant des habitations au-dessus de terre, ou bien en se creusant des terriers, ne se trouve plus qu'exceptionnellement dans l'Europe orientale ; mais il est encore assez abondant dans le nord des États-Unis d'où viennent toutes les peaux employées en Europe, et qui deviennent plus chères chaque année à mesure que cet intéressant animal disparaît devant les incessantes poursuites de trappeurs sans intelligence et sans pitié. Comme le castor ne se nourrit que d'herbes et surtout d'écorces de bois blanc, tels que trembles, saules, peupliers, aulnes et bouleaux, et qu'il se reproduit aisément en demi-domesticité, on pourrait très-bien le multiplier sur les bords d'étangs artificiels, en ayant la précaution de déposer dans leur voisinage immédiat de grands amas de terre dans lesquels les castors creuseraient leurs terriers dont l'ouverture est constamment à deux pieds au-dessous de la surface de l'eau. Cet animal pourrait, du reste, être aussi élevé en complète domesticité comme le lapin, car il s'apprivoise aisément et réjouit son maître autant par ses caresses que par les curieuses bâtisses qu'il élève dans quelque coin sombre, et où il ne lui faut que quelques jours, des arbres et de la boue pour construire une cabane ayant en général deux étages, dont le premier sert de dortoir et le rez-de-chaussée de salle à manger et de magasin. Les castors n'étant adultes qu'à trois ans et ne faisant que quatre petits par an, leur multiplication n'est pas rapide ; aussi est-il urgent qu'on s'occupe de les protéger, si on ne veut en voir la précieuse espèce s'éteindre totalement.

La marmotte (*fig.* 7) mériterait bien qu'on l'importât

Fig. 7. — Marmotte.

Fig. 8. — Chinchilla.

sur toutes les montagnes où elle fournirait en abondance et presque sans frais, aux habitants, beaucoup de viande et une fourrure qui, pour n'être pas très-fine, n'en est que plus durable et plus chaude. Comme cet animal boit beaucoup, il ne faut donc pas perdre de vue qu'il ne peut réussir que sur les points où il trouve de l'eau à sa portée. Cet inconvénient ne serait pas à craindre avec le chinchilla, charmant écureuil qui vit sur les montagnes les plus élevées et les plus arides du Chili, où on le trouve en compagnies tellement nombreuses, qu'il est dangereux de passer à cheval dans les régions qu'il habite, parce que le sol est défoncé par leurs terriers au point qu'on risque d'y tomber à chaque pas. Le chinchilla (*fig.* 8), qui atteint la grosseur d'un petit lapin, est tellement chassé pour sa chair et pour sa pelisse gris argenté, d'une finesse que nulle autre n'atteint, que son espèce est menacée d'une totale destruction; aussi est-il plus que temps de chercher à l'importer en Europe où ne sont arrivés encore que quelques individus isolés, qui ont charmé par leur beauté et leur gentillesse toutes les personnes qui les ont vus, et prouvé qu'ils ne sont pas plus difficiles à nourrir que des lapins.

Le lapin angora (*fig.* 9), qui ne diffère du lapin commun que par son poil long et soyeux, mérite de lui être substitué depuis qu'on a appris à filer et à tisser son poil qui, recueilli deux fois par an, alimente déjà un petit atelier dans les environs d'Annecy, et pourrait être utilisé dans bien des ménages, soit pour en faire des bas, ou des gants, soit pour en garnir des manteaux au lieu de ouate. La chair de ces animaux est très-bonne lorsqu'ils ont été convenablement nourris, et comme ils se multiplient rapidement et qu'ils se dévelop-

Fig. 9. — Lapin angora.

pent très-vite, ils ont pris dans certaines villes une place considérable dans l'alimentation publique; c'est tout spécialement le cas pour Lyon, où la plupart des ménages d'ouvriers ont une petite garenne fort bien établie, et qui suffit à la consommation de viande de toute la famille. La dépouille est rasée, le poil vendu aux chapeliers qui en font leurs plus beaux feutres, et la peau, bouillie avec de l'eau, se change en gélatine de première qualité, qui remplace dans presque toutes les cuisines la colle de poisson pour la confection des gelées.

Le renard bleu (*fig.* 10) et la martre (*fig.* 11) ne méritent notre attention que parce qu'ils produisent les deux sortes de pelleteries les plus chères et les plus

2.

rccherchées; mais, comme tous les deux sont carni-

Fig. 10. — Renard bleu ou Isati.

vorcs, on ne pourra les élever économiquement que là
où il sera possible de les alimenter avec des viandes de

peu de valeur, comme celles de souris, de rats ou de moineaux. Il est possible, du reste, que ces deux précieuses espèces puissent s'habituer, en partie du moins, à des aliments végétaux, et alors leur élève en domesticité ne souffrirait plus de difficulté, puisque toutes les deux, et le renard bleu surtout, s'apprivoisent aisément.

Fig. 11. — Martre.

Chaque peau de martre vaut de 10 à 15 fr., et de renard bleu jusqu'à 200 fr.; l'essai de sa domestication vaut donc la peine d'être tenté. Gris fauve en été, le renard bleu devient blanc en hiver, et comme son poil conserve des reflets plus ou moins gris, il arrive un point où ce mélange a quelque chose d'azuré, qui a valu à cet animal son étrange nom. On trouve le renard bleu dans toute la région du pôle boréal, depuis Arkhangel jusqu'au Spitzberg, au Groenland et au Kamtchatka.

III

Qu'on nous permette de terminer la liste des mammifères intéressants par quelques mots en faveur des hérissons, des taupes, des musaraignes et des chauves-souris, qu'on poursuit partout et sans savoir pourquoi, dans les jardins et dans les campagnes. Pour le hérisson (*fig.* 12), cette chasse a quelque raison d'être ; car, bien

Fig. 12. — Hérisson.

qu'il se nourrisse essentiellement d'insectes, de lézards, souris, grenouilles, limaces et serpents, il attaque et détruit aussi les couvées de cailles, perdrix, alouettes et, en général, de tous les oiseaux qui nichent à terre;

je ne pense pas toutefois que le mal qu'il fait ainsi s'é-
lève à la hauteur du bien qu'il fait comme destructeur
de souris. Les chats et les renards font d'ailleurs bien
plus de mal que les hérissons aux oiseaux utiles, et on
les laisse poursuivre en paix une guerre qui va jusqu'à
la destruction de tous les petits oiseaux insectivores.

Les chauves-souris (*fig.* 13) méritent aussi toute notre

Fig. 13. — Chauve-souris.

sympathie; car elles sont, avec les chouettes, les seuls
animaux qui poursuivent dans les airs les insectes de
nuit, tels que les phalènes, les cousins et les moustiques.

Quant à la taupe (*fig.* 14) et à la musaraigne (*fig.* 15),
occupées constamment à la chasse des lombrics, vers de
hannetons et autres larves d'insectes, elles devraient
être ménagées avec le plus grand soin, puisque ces
précieux animaux peuvent seuls mettre un frein aux
ravages de ces voraces insectes. Il est certain pour
nous que les ravages des hannetons ne sont causés
que par l'acharnement avec lequel on poursuit les
taupes qui en détruisent les larves. On n'a pas à craindre, d'ailleurs, que les taupes en pullulant sur un point

y rendent la culture impossible; car elles sont tellement

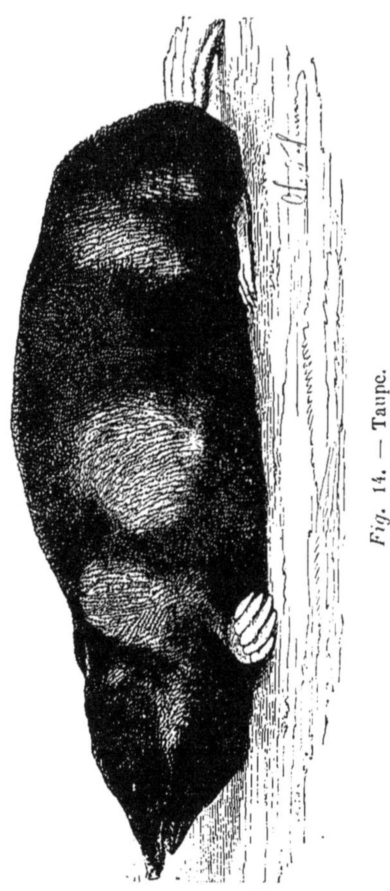

Fig. 14. — Taupe.

voraces que, si elles cessent de manger pendant quel-

ques heures, elles succombent aussitôt. Telle est la raison pour laquelle on ne voit ces animaux que dans les
terres infestées par les larves d'insectes et les autres vers,

Fig. 15. — Musaraigne.

et qu'ils les quittent dès qu'ils n'y trouvent plus une
nourriture assez abondante.

La musaraigne, qui se tient de préférence dans les
terres basses et humides, y chasse la courtilière qui y
rend la culture des légumes presque impossible, aussi
ne saurait-on trop défendre ce précieux petit animal qui
rend aux jardins des services dont ils ne sauraient absolument pas se passer.

IV

Parmi les oiseaux, il n'y en a pas beaucoup qui, au point de vue du produit direct, méritent de fixer l'at-

Fig. 16. — Poule de Bankiva ou naine.

tention. Les plus importants sous ce rapport sont les différentes espèces de poules, qu'on peut rattacher à

quatre types qui sont, par ordre de grandeur : celle de
Bankiva, ou naine ; puis, la commune, la malaise, et,
enfin, celle de Nankin. Les deux premières, mais sur-

Fig. 17. — Poule malaise.

tout celle de Bankiva (*fig.* 16), se recommandent par
leur rusticité ; elles conviennent donc aux pays froids,

aux grandes fermes, où les poules sont obligées d'aller
chercher elles-mêmes au dehors une partie de leur

Fig. 18. — Coq de Nankin (ou vulgairement de Cochinchine).

nourriture. La poule malaise (*fig.* 17) n'a d'autre avantage sur la poule commune, que d'être plus hardie et plus forte, au point qu'elle ne craint pas les oiseaux de proie ; mais, comme elle est méchante, querelleuse, et

Fig. 19. — Poule de Nankin (ou vulgairement de Cochinchine).

qu'elle craint le froid, on l'a abandonnée presque partout. Quant à la poule de Nankin (*fig.* 18 et 19), elle pèse jusqu'à 5 kilogrammes ; c'est donc la plus grosse de toutes ; elle est aussi la plus coûteuse à nourrir, parce qu'elle est trop lourde pour se promener, ce qui, d'autre part, permet d'en nourrir beaucoup dans un petit espace. Pour la finesse de la chair, la poule de

Fig. 20. — Coq de Crèvecœur.

Bankiva tient le premier rang ; pour la grosseur des œufs, c'est la poule commune, et surtout ses belles variétés de Crève-Cœur (*fig.* 20 et 21), La Flèche (*fig.* 22

et 23) et Houdan (*fig*. 24 et 25) ; pour l'abondance de la ponte qui, d'ailleurs, ne s'arrête en aucune saison, pas même au gros de l'hiver, c'est la poule de Nankin, qui fait en moyenne 146 œufs par an ; enfin, pour la

Fig. 21. — Poule de Crèvecœur.

beauté du plumage, et spécialement pour la longueur des faucilles, c'est le coq malais qui a la palme. Somme toute, c'est la grosse poule noire de La Flèche qui vaut le mieux pour les fermes, et celle de Nankin pour les petites basses-cours closes. Les trois races de Houdan,

Fig. 22. — Coq de La Flèche.

Crèvecœur et La Flèche sont, du reste, déjà répandues

dans une partie des basses-cours françaises. La première est une des plus belles races de poules et sa beauté est encore au-dessous de ses qualités. La Crèvecœur produit les plus excellentes volailles qui pa-

Fig. 23. — Poule de La Flèche.

raissent sur les marchés de France ; c'est elle qui donne les poulardes et les poulets fins vendus sur le marché de Paris. La poule de La Flèche est excellente

aussi pour l'engraissement; c'est elle qui produit les
poulardes grasses du Maine ; elle est en outre très-

Fig. 24. — Coq de Houdan.

robuste et s'acclimate en quelque contrée qu'on la

transporte. L'élève des poules ne permet de réaliser des bénéfices que là où les grains sont à bon compte, et

Fig. 25. — Poule de Houdan.

dans un endroit où on peut les laisser vaguer dans la campagne.

3.

V

OISEAUX DIVERS POUR LA BASSE-COUR.

Les pigeons fuyards (*fig.* 26) procurent des bénéfices très-nets à leur propriétaire, parce que, allant

Fig. 26. — Pigeon fuyard ou bizet.

chercher au loin leur nourriture, ils rapportent chaque année deux paires de jeunes et n'exigent que le logement. Quant aux gros pigeons romains, comme ils ne volent pas bien, ils rentrent dans la catégorie des poules et font, par couple, vingt-quatre petits par an; mais ils mangent beaucoup, ce qui compense le bénéfice qu'on tire de leur remarquable fécondité.

Le coq de bruyère, ou grand tétras (*fig.* 27), est destiné à devenir, peut-être, le plus utile habitant de la basse-cour, parce que, ne mangeant que des végétaux, et fournissant en abondance de la viande et des œufs, il les produira à plus bas prix que tous ses congénères. Franchement, en voyant cet admirable oiseau si commun sur toutes les hautes montagnes de l'Europe, on se demande avec étonnement pourquoi on n'a pas essayé de le domestiquer, au lieu d'importer à grands frais des espèces étrangères qui, à côté de lui, sont presque sans valeur. Il ne faut chercher la raison de cette apparente anomalie que dans cette étrange tendance de l'esprit humain qui le pousse toujours à chercher au loin ce qu'il a tout près de lui, et à commencer par ce qui est difficile ou compliqué, pour arriver enfin à ce qui est aisé et simple.

Ce noble oiseau vit en compagnie de quelques femelles dans les forêts de sapins du Haut-Jura, des Vosges, des Carpathes et de l'Oural; il est aussi gros qu'un dindon, et les poules n'atteignent guère qu'à la moitié de sa taille ; son vol est puissant, mais court; il est plutôt organisé pour marcher que pour voler ; aussi se tient-il habituellement à terre, où il cherche des herbes tendres, des vermisseaux et des baies ; en hiver,

il ne mange que les aiguilles des sapins qui donnent à
sa chair un fumet de térébenthine assez désagréable.
Suivant leur âge, les poules pondent de 6 à 11 œufs,

Fig. 27. — Coq de bruyère ou grand tétras.

de la forme de ceux de poule, mais plus gros, à fond
clair-semé de larges taches brun foncé. Les jeunes
courent très-vite, dès leur naissance, et sont de la

même couleur que leurs œufs ; ils piaulent comme les dindonneaux, et sont faciles à élever si on les laisse courir dans les prés sous la garde d'une dinde ou d'une poule ; quand ils peuvent voler, on fait bien de leur couper les barbes des grosses plumes d'une aile, afin de les empêcher de gagner les bois, ceci par simple précaution ; car ces oiseaux s'apprivoisent tellement, qu'il est peu probable qu'ils cherchent à s'échapper.

Le petit tétras présente les mêmes avantages que le grand ; mais il est de moitié plus petit ; on le dit plus farouche, mais tout aussi facile à élever.

Bien que la perdrix grise (*fig*. 28) soit l'espèce dont

Fig. 28. — Perdrix grise.

la chair est la plus délicate, elle disparaît tellement devant les envahissements des prés artificiels, que nous proposerions de la domestiquer si sa sauvagerie ne rendait pas l'entreprise impossible. Il faut donc songer à la remplacer par les colins, ou mieux encore par les belles et grosses perdrix bartavelles qu'on élèverait dans les basses-cours, et qu'on lâcherait ensuite, dès leur naissance, dans les prés, d'où elles reviendraient chaque soir avec les poules qui les auraient couvées. Comme ces oiseaux ne mangent, pendant leur jeunesse, que des in-

Fig. 29. — Colin de Californie.

sectes, ils rendent aux champs d'immenses services; plus tard, ils se nourrissent d'herbes, et ce n'est qu'en hiver, lorsqu'ils ne peuvent plus rien trouver dehors, qu'ils s'abattent sur le grain.

Les colins (*fig.* 29), un peu plus gros que des cailles,
ont peut-être la chair plus fine, plus parfumée, que
celle d'aucun autre oiseau ; mais ils sont beaucoup plus

Fig. 30. — Faisan commun.

délicats et plus farouches que la bartavelle, qui est
déjà naturellement domestique, puisqu'elle vient se
mêler aux poules dans la cour des fermes. Cette belle
espèce, presque aussi grosse qu'un pigeon, est grise, avec
les plumes des flancs agréablement rayées de blanc, de
noir et de brun ; le bec et les pieds sont rouge vif ; la

chair est blanche, abondante, très-bonne, bien qu'un peu sèche ; la ponte est de 22 œufs. En Espagne, on la trouve partout en cage, à cause de sa gentillesse et de la beauté de son plumage ; on l'y nourrit de légumes et de millet, et on la conserve de quinze à seize ans, ce qui prouve surabondamment combien elle est robuste.

Le faisan commun (*fig.* 30), et plus encore celui de l'Inde, seraient de précieuses acquisitions pour toutes les forêts marécageuses, si les chasseurs voulaient bien s'entendre pour les y laisser se multiplier en paix pen-

Fig. 31. — Pintade.

dant quelques années. Ces superbes oiseaux font de 15 à 17 œufs et se multiplient rapidement, parce qu'ils sont assez forts pour se défendre avec succès contre la plupart de leurs ennemis. Le faisan recherche les forêts

humides avec autant d'ardeur que la perdrix gagne les
collines arides ; aussi est-il inutile de l'importer ailleurs
que le long des cours d'eau. C'est dans les forêts de
chênes, dont il mange les glands, qu'il réussit le mieux ;
pendant l'hiver, il se nourrit de baies, de feuilles, d'her-

Fig. 32. — Gélinotte.

bes et surtout de la racine arrondie et succulente de
la ficaire à feuilles de renoncule. Pendant la bonne
saison, les faisans ne mangent guère que des insectes,
des vermisseaux et de la verdure ; leur alimentation est
donc bien peu coûteuse, puisqu'elle est fournie tout
entière par les produits perdus des taillis et des forêts ;
aussi leurs produits constituent-ils partout un joli revenu dans les forêts closes.

La pintade (*fig.* 31) n'a d'intérêt pour la ménagère
que parce qu'elle pond abondamment, au gros de l'été,
quand les poules, entrant en mue, cessent de faire des
œufs ; leur chair est exquise ; leurs œufs sont excellents ;

Fig. 33. — Lagopède des Hautes-Alpes.

mais l'humeur querelleuse de ces oiseaux, leurs cris
affreux et la difficulté qu'on éprouve à les élever dans
les pays froids, les feront toujours repousser de la basse-
cour.

La gélinotte (*fig.* 32) et le lagopède (*fig.* 33) seraient
de bien bonnes acquisitions pour les basses-cours si leur
sauvagerie pouvait jamais être domptée. La chair exquise de ces oiseaux, leur beauté, leur rusticité, la faci-

lité avec laquelle ils s'alimentent, ainsi que l'abondance de leurs pontes, les rendent encore plus précieux que les perdrix. On assure qu'on est arrivé à domestiquer la gélinotte dans quelques parcs de la Bohême; le problème de leur domestication est chose déjà à moitié résolue. Quant au lagopède des Hautes-Alpes, c'est le seul oiseau de cette famille qui change de plumage avec les saisons; fauve en été, il devient complétement blanc en hiver.

VI

L'oie de Toulouse (*fig.* 34), gigantesque variété de

Fig. 34. — Oie de Toulouse.

l'oie domestique, ne doit manquer dans aucune ferme

bien tenue ; bonne pondeuse, excellente couveuse, produisant en abondance des œufs, de la chair et de la
graisse, avec de l'herbe pour nourriture unique, elle
est, après la poule, le plus précieux habitant de la bassecour. Le duvet abondant qu'elle fournit deux fois par

Fig. 35. — Canard muet.

an est une grande ressource pour les ménagères. Il y a
de ces oies qui pèsent jusqu'à 20 kilog. L'oie du Danube à plumage flottant et mou commence à se répandre beaucoup dans les basses-cours, parce que ses
plumes sont fort à la mode pour la garniture des chapeaux ; quoique de taille moyenne, cette espèce est si

bonne pondeuse et si robuste, qu'on la préfère dans les pays froids à l'oie de Toulouse qui est assez délicate.

Le canard muet (*fig.* 35) est trop peu connu ; originaire des bords du fleuve des Amazones, il s'est bien acclimaté chez nous, et n'a d'autre désavantage sur

Fig. 36. — Canard mandarin ou sarcelle de Chine.

l'espèce commune que la difficulté qu'il y a d'élever ses petits durant les années humides et froides. Ses œufs sont abondants et très-gros, sa chair excellente, et le duvet, dont la femelle garnit son nid, aussi fin que l'édredon. Le mâle, au moins deux fois plus gros que la femelle, devient méchant à deux ans, âge auquel il faut donc le tuer en ayant la précaution d'enlever, aussitôt après, la glande adipeuse grosse comme une noisette

qui se trouve au-dessus du croupion. Encore mal pliée
à la domesticité, cette espèce fait son nid où bon lui
semble, et il importe de ne pas le changer de place ; car
alors *tous* les œufs éclosent ; on n'a pas à s'inquiéter
pour la couveuse des attaques des bêtes de rapine dont
elle vient aisément à bout avec son bec tranchant, ses
griffes acérées et son courage indomptable.

La sarcelle de Chine (*fig.* 36), charmant oiseau de la

Fig. 37. — Eider.

grosseur de la sarcelle sauvage, se multiplie si aisément
et sa chair est si parfaite, qu'on doit vivement désirer
son introduction dans les basses-cours, d'où son prix
élevé la tient encore éloignée. Elle est fauve, avec le
cou et la tête vert doré, une longue huppe de même

couleur descend jusque sur le dos. Au milieu de chaque aile s'élève, toute droite, une large plume en éventail fauve à la base, puis blanche et enfin noire. Le bec
et les pieds sont rouges; l'œil très-vif est jaune et rouge;
quant au caractère, il est si familier, si caressant, que
les Chinois ont fait de cet oiseau l'emblème de la
douceur.

L'eider ou oie qui fournit l'édredon (*fig.* 37) se trouve
dans tout le nord de notre hémisphère ; mais on ne sait
rien sur la qualité de sa chair ; quant aux œufs, ils sont
excellents. Quoi qu'il en soit, son acquisition est désirable, parce qu'elle nous affranchirait de l'impôt assez
considérable que l'importation de son duvet fait peser
sur le monde entier. Rien de plus facile, au reste, que
d'avoir cet oiseau, parce qu'il vit à l'état de demi-domesticité sur les côtes occidentales de la Norwége.

VII

Deux espèces d'oiseaux indigènes ne devraient manquer dans la cour d'aucune ferme bien tenue ; ce sont

Fig. 38. — Grive.

les étourneaux et les grives ; sans cesse à la chasse de
la vermine, ils en détruisent des quantités prodigieuses,

4

et fournissent en outre une quantité assez considérable de chair excellente pour les grives et passable pour les étourneaux. La grive chanteuse (*fig.* 38) est, d'ailleurs, après le rossignol, le chantre le plus brillant de nos forêts. L'étourneau (*fig.* 39) a, par contre, l'avantage

Fig. 39. — Étourneau.

sur la grive d'être plus sociable et plus familier ; j'en ai vu, chez un paysan d'Alsace, au moins soixante qui nichaient, depuis bien des années, sous un grand poêle, d'où ils allaient et venaient chaque fois qu'on ouvrait la porte et échenillaient, avec le plus grand soin, le jardin et le verger. On ne peut croire à quel point l'étourneau est un gentil compagnon de chambre ; attaché, intelligent, gai, il imite tous les chants et apprend fort bien à parler ; j'en ai possédé un qui, élevé par un

chantre d'église, disait plusieurs airs religieux sans
jamais se tromper. L'étourneau, le pivert et la pie sont
les seuls oiseaux de nos climats dont le plumage pos-

Fig. 40. — Moineau franc.

sède l'éclat métallique si habituel aux oiseaux des pays
chauds ; il est dommage que l'odeur de cette dernière,
forte et comme musquée, la rende désagréable dans les
habitations. Un magnifique complément à ces insectivores nous est offert par les États-Unis ; c'est le cardinal

rouge, belle et robuste espèce ayant l'allure des moineaux, mais du double plus grosse. Le mâle est rouge vif; la femelle, brune; tous deux chantent admirablement bien, ce qui leur a fait donner le nom de rossignols de Virginie. Ils ont sur la tête une jolie huppe de plumes dressées comme une flamme. Ils font deux pontes par an de cinq œufs chacune et sont faciles à conserver en captivité avec la nourriture des serins. Ils s'apprivoisent très-vite et vivent jusqu'à quinze ans en cage; on dit leur chair parfaite.

Les moineaux (*fig.* 40) sont de tous les échenilleurs d'Europe les plus actifs et les plus précieux; aussi ferait-on bien de les multiplier en leur offrant des nids artificiels, comme on le fait en Espagne. Ces nids sont à double usage; car, lorsque ces oiseaux se multiplient trop, on leur enlève les jeunes quand ils ont pris toute leur croissance, et, comme chaque couple fournit par an au moins deux couvées de quatre à cinq petits chacune, on voit que le produit est assez considérable. Leur chair est très-grasse, mais fade.

VIII

Oiseaux nocturnes

Parmi les oiseaux sauvages utiles à l'homme, arrê-
tons-nous quelques instants aux chouettes, buses, cresserelles, pies-grièches, hirondelles, fauvettes, rouges-
queues, engoulevents et cailles.

Fig. 41. — Hibou.

Les hiboux (*fig.* 41) et les chouettes (*fig.* 42) sont avec
les buses (*fig.* 43), les cresserelles (*fig.* 44) et les cor-

4.

beaux (*fig.* 43), d'intrépides chasseurs de souris, qu'ils poursuivent, les uns pendant la nuit, les autres pendant le jour, sans trêve ni repos ; une petite chouette, que nous avons pu observer pendant trois semaines en été, mangeait, toutes les nuits, de 30 à 32 souris, en

Fig. 42. — Chouette.

sorte qu'on ne saurait trop protéger cet utile oiseau. Quant aux oiseaux de proie diurnes et auxquéls on doit assimiler les corbeaux et leurs similaires, les pies et les geais, les services qu'ils rendent en détruisant les sou-

Fig. 43. — Buse commune.

ris sont amplement compensés par le mal qu'ils font
en détruisant les petits oiseaux insectivores, tels que
fauvettes, pinsons, alouettes, cailles et perdrix ; aussi
ne doit-on les protéger que dans une certaine limite

Fig. 44. — Cresserelle.

déterminée par l'abondance des oiseaux de proie nocturnes, qu'il vaudrait bien mieux pouvoir leur substi-

tuer totalement, puisque le bien qu'ils font n'est pas

Fig. 45. — Corbeau.

diminué par un mal appréciable, sauf pour ce qui regarde le grand-duc (*fig.* 46), qui attaque aussi les perdrix et même les lièvres.

Fig. 46. — Grand-Duc.

IX

Poissons

La culture des poissons est une de celles qui doit attirer au plus haut degré l'attention de tous, parce
qu'elle peut devenir, partout où on a de l'eau, la source
de bénéfices importants, surtout pour ce qui regarde
le saumon et la truite qui sont rares et chers sur tous
les marchés d'Europe ; mais il faut à ces dernières des
eaux fraîches et courantes et une nourriture animale
abondante, ce qui limite leur production à quelques localités privilégiées.

La carpe est le poisson du pauvre, parce qu'elle se
développe rapidement, vit dans toutes les eaux et
n'exige qu'une alimentation végétale, tandis que celle
de la truite, uniquement animale, est fort coûteuse.
Partout où on peut créer un petit étang de quelques
pieds carrés, on devrait élever cet utile poisson dont
la chair est une précieuse ressource pour les pauvres.
Au reste, la carpe mérite aussi de paraître sur la table
des riches, car quelques précautions bien simples enlèvent à sa chair le goût de vase qu'on lui reproche ; il
suffit de la mettre pendant quelques jours dans une

eau propre et courante, où on la nourrit uniquement d'avoine gonflée dans de l'eau bouillante, et de lui verser dans la gueule, immédiatement avant de la tuer, une cuillerée de vinaigre fort. J'ignore comment agit cet acide, mais le fait est qu'il enlève complétement les dernières traces de ce désagréable goût de vase, qu'on serait donc tenté d'attribuer à la présence de l'ammoniaque, et qu'il laisse la chair de ce poisson ferme, blanche et savoureuse. La carpe atteint jusqu'à 1 mètre de long, et pèse alors jusqu'à 10 kilog.; mais on la pêche ordinairement à deux ans, ayant un poids moyen d'un demi-kilog. Elle constitue l'unique revenu des propriétaires d'étangs du Haut-Rhin; l'un d'eux, qui n'en possède qu'un de moyenne grandeur, en tire 300 fr. par an, et sans aucuns frais, puisque c'est l'acheteur qui prend lui-même le poisson au filet, en une seule fois, pendant le carême. Dans les étangs plus petits, on nourrit les carpes en leur jetant de l'herbe ou de l'avoine gonflée dans l'eau bouillante, des fruits gâtés et des débris de cuisine.

X

Il n'y a que l'abeille et le ver à soie qui puissent nous intéresser parmi les insectes ; mais tous les deux méritent notre attention, parce qu'ils donnent des produits dont la valeur va sans cesse en augmentant.

Qui ne connaît l'abeille (*fig.* 47), cette active ou-

Fig. 47. — Abeille ouvrière.

vrière qui nous fournit le miel et la cire ; mais on a trop oublié, depuis que le sucre est abondant, que le miel peut le remplacer dans la plupart de ses usages. Quant à la cire, elle est la source la plus brillante de lumière artificielle que nous possédions ; aussi est-il bien à désirer que, totalement abandonnée depuis qu'on a les bougies stéariques, elle redevienne à la mode et fasse derechef l'ornement de nos habitations. On assure que l'abeille ligurienne, plus petite, mais plus active que la nôtre, mérite de lui être substituée; c'est un

Fig. 48. — Ver à soie du mûrier à son 22e jour.

essai bien facile à faire, puisque cette jolie espèce est

la seule qu'on élève de l'autre côté des Alpes. L'an dernier, une ruche de cette espèce a fourni à un de mes amis 108 kilogr. de miel et trois essaims, dont le troisième est en ce moment aussi fort que la ruche mère.

Le ver à soie (*fig*. 48) n'est point assez cultivé dans les parties tempérées et froides de l'Europe, parce qu'il y réussit beaucoup mieux que dans le Midi ; aussi ne pouvons-nous douter que la production de la soie ne passe d'ici à peu d'années, en presque totalité, du midi au nord de l'Europe, où il est urgent par conséquent d'effectuer de grandes plantations de mûriers. Contrairement à l'opinion généralement admise, la feuille du mûrier noir vaut mieux pour l'alimentation de ces chenilles que celle du blanc qui les débilite. Il faut, dans les pays froids, tenir les mûriers en buisson, autant parce qu'ils sont moins exposés à la gelée que parce que la cueillette des feuilles est plus aisée. Quand les chenilles n'ont pas consommé la totalité des feuilles, on donne le reste au bétail, qui en est très-friand ; le mûrier exploité comme plante fourragère rendrait de grands services dans les terres sèches et pierreuses qui ne produisent pas de fourrage.

A côté du ver à soie du mûrier on devrait élever celui du chêne ou yama maï (*fig*. 49), belle et robuste espèce qui produit juste la moitié plus de soie que celle du mûrier, mais ne supporte pas d'être élevée en captivité, en sorte que, dès que ses œufs sont éclos, on porte les jeunes chenilles sur les taillis de chênes où on les laisse jusqu'au moment où elles ont filé leurs co-

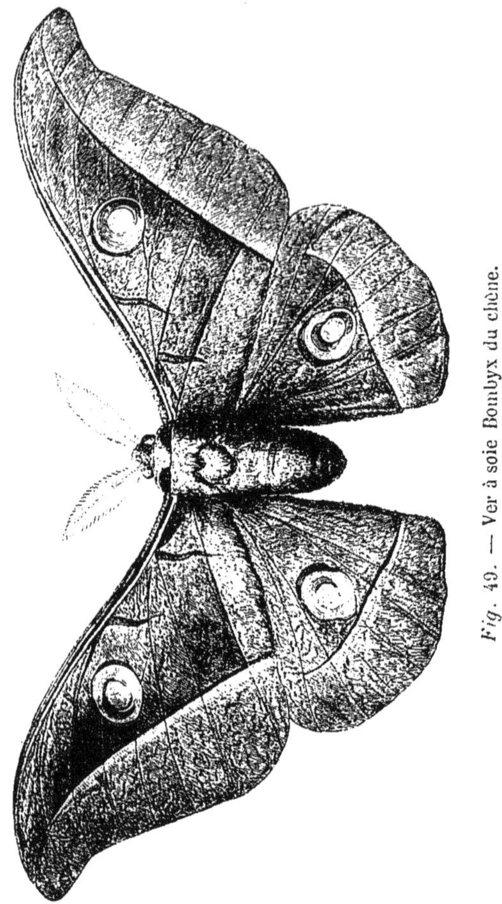

Fig. 49. — Ver à soie Bombyx du chêne.

cons (*fig.* 50), qu'on recueille plus tard. Le mauvais

côté de ces éducations en plein air est qu'il faut défen-

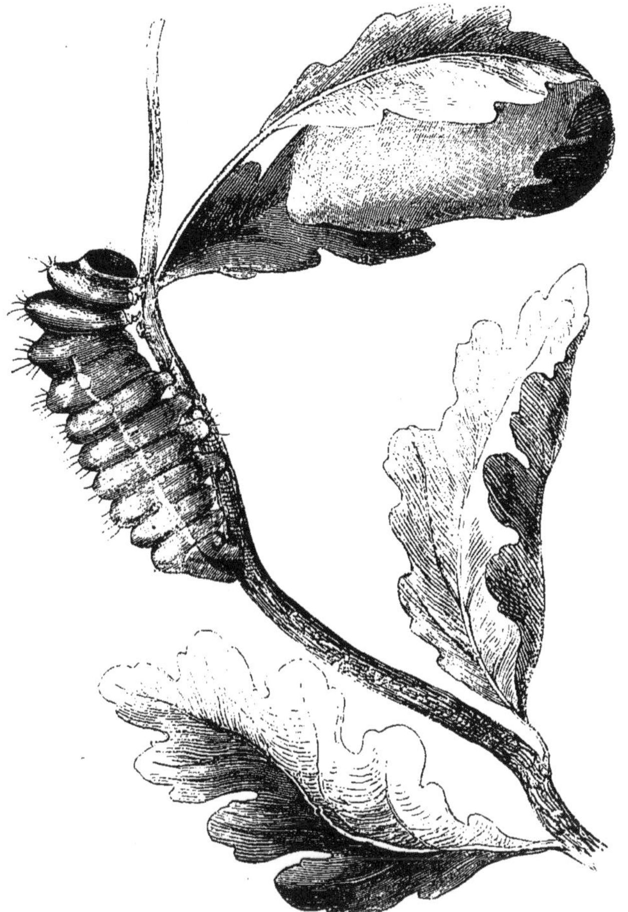

Fig. 50. — Ver et cocon du Bombyx du chêne.

dre les chenilles contre leurs nombreux ennemis qui, outre les oiseaux, sont les araignées, les fourmis et les guêpes. Cela est difficile, mais on y pare en mettant à l'éclosion deux fois plus d'œufs qu'on ne peut élever de chenilles.

LES PLANTES

I

Passant à l'examen des végétaux utiles, nous verrons bientôt que leur importance est au moins aussi grande pour l'agriculture que celle des animaux à l'existence desquels ils sont intimement liés, puisque, dans l'éternelle circulation de la vie, c'est des plantes que se forment les animaux, et c'est des débris des animaux que vivent les plantes.

Partout où elle réussit, c'est la vigne qui tient le premier rang dans les cultures, parce que c'est elle qui fait rapporter au sol son plus fort intérêt ; elle est le départ de beaucoup de belles fortunes, et met en circulation d'immenses sommes d'argent ; elle mérite donc bien qu'on s'occupe sérieusement d'elle. Lorsqu'on a vu la vigne dans son pays natal, l'Espagne, où toutes les années elle se couvre de fruits sans qu'on la fume jamais, et où de mémoire d'homme elle occupe toujours le même terrain de ses souches immenses, on a peine à croire que nos vignes appartiennent à la même espèce, tant elles paraissent chétives et misérables ; aussi est-on forcé d'admettre que notre climat est

5.

trop rigoureux pour elle. Cela posé, il est aisé d'arriver à se convaincre que, si on pouvait substituer à la
vigne commune des espèces plus robustes qu'elle, ou
les greffer sur elle, on augmenterait beaucoup ses produits; eh bien, ces espèces existent, et les États-Unis
en possèdent dix bien distinctes, dont la culture a produit déjà plus de dix fois autant de variétés; leur vigueur
est telle qu'un pied de l'une d'elles, appelée mustang,
mesurant 60 centimètres de circonférence à sa base et
s'élevant jusqu'à la cime d'un gros chêne, fournit, bon
an mal an, à son propriétaire 200 litres de vin. Il y a
longtemps qu'on connaît en Europe l'une des plus belles espèces de ce groupe appelée vigne Isabelle ou rai-
sin du Cap; on l'emploie, à cause de sa vigoureuse et
rapide végétation, à couvrir des tonnelles et à garnir
des murs; elle a les feuilles vert foncé dessus, blanches
dessous, et très-grandes; les grappes sont fortes, les
grains gros, bien espacés et du plus beau violet; ils sont
très-sucrés, mais la peau a un goût très-prononcé de
cassis qui ne plaît pas à tout le monde, et qui est commun à la plupart de ses congénères, ce qui ne signifie
rien pour le vin, puisqu'il ne se communique pas à
lui, quand on ne laisse pas fermenter le moût sur les
rafles. Les meilleures espèces cultivées en Amérique
sont appelées : clinton, concord, hardford prolific,
plymouth, bartlett, sage, delaware, isabelle, diana, rebecca, muccatowney, catawba, warren, pauline, le-
noir, scuppernong et palmetto. Le plus précoce de tous
est le hardford prolific. Les espèces à grains blancs ou

ambrés sont : rebecca, muscatowney, plymouth, arrott

Fig. 51. — Cassis ou groseillier à fruit noir.

et sugar grape. Les rouges sont : catawba, delaware,

fairfax, bartlett et sage. Toutes les autres sont violettes.

La plupart de ces vignes ayant une végétation exceptionnellement active, il est important de [les tailler à longs bois ou de les laisser grimper sur des arbres sans les tailler, sinon elles s'emportent en bois et ne donnent pas de fruits. Si la culture sur arbres était adoptée pour ces espèces, il serait avantageux de la combiner avec celle des mûriers noirs destinés à fournir la feuille nécessaire à l'alimentation des vers à soie.

On peut se procurer à Paris, chez MM. Vilmorin, Andrieux et Ce, la plupart des vignes américaines sur lesquelles nous ne saurions trop appeler l'attention des cultivateurs, afin qu'ils les essayent en petit pour n'avoir plus qu'à choisir plus tard celles qui conviendront le mieux au sol dont ils disposent.

Le cassis ou groseillier à fruit noir (*fig.* 51) devient depuis quelques années, en Bourgogne, l'objet d'une culture plus fructueuse que celle de la vigne, parce que son produit est complet dès la seconde année de plantation, qu'il est régulier, abondant et d'un écoulement facile. La culture de cet arbrisseau, qui vient partout, se borne à des sarclages, à une forte fumure et à l'enlèvement du bois mort; on ne taille jamais. Le cassis sert à fabriquer la liqueur douce et aromatique qui en porte le nom; on peut d'ailleurs en faire aussi des gelées plus belles et tout aussi bonnes que celles des groseilles à grappes. On doit préférer à l'espèce commune sa variété à gros fruits dite cassis de Naples. Il paraît que les feuilles si fortement odorantes du cassis jouissent de propriétés fébrifuges prononcées, au moins leur infusion théiforme est-elle employée dans le Bordelais contre les fièvres des marais.

Fig. 52. — Groseillier à maquereau.

Le groseillier à maquereau (fig. 52) n'est pas assez cultivé. Ses variétés à gros fruits sont excellentes et

produisent abondamment; elles sont tellement recher-
chées en Angleterre qu'on a institué des concours des-

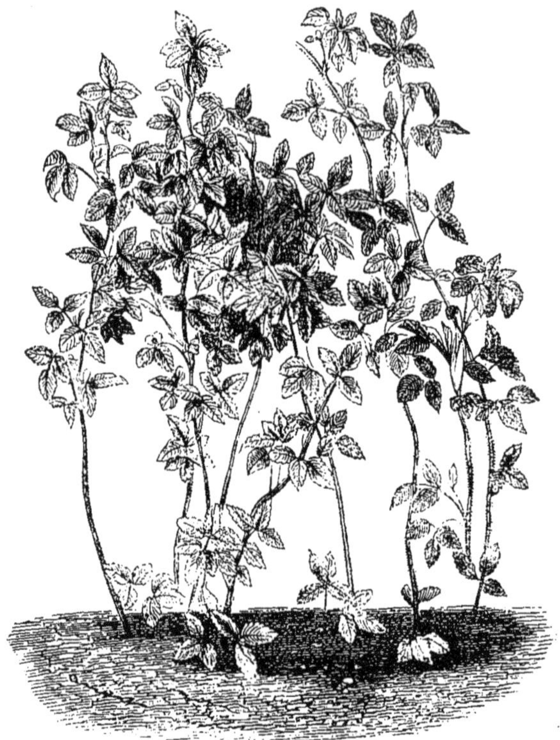

Fig. 53. — Framboisier commun.

tinés uniquement à l'exposition et à l'encouragement
de la culture de cet arbrisseau, qui est de tous celui qui
rapporte le plus. Il demande une bonne terre fumée et

fraîche, et veut être replanté tous les trois ou quatre ans, sous peine de voir l'abondance et la grosseur des fruits diminuer ; c'est à deux ans qu'il est dans toute sa force, donne des fruits gros comme des noix, et dont j'ai souvent cueilli 10 à 12 sur le même bout de branche. Les variétés les plus fructifères sont les rouges à fruits velus, mais les meilleures sont les jaunes et les vertes à fruits lisses.

Le framboisier commun (*fig.* 53), dont le monde aime les fruits savoureux et parfumés, a été complétement chassé des jardins par ses variétés remontantes qui donnent leurs fruits au moins deux fois l'an, et plus encore par le framboisier de l'Himalaya, robuste espèce à fruits oranges énormes, et plus parfumés encore que ceux de l'espèce commune. Cet arbrisseau est destiné à prendre une grande importance à cause de la consommation toujours croissante de son arome par les fabricants de vins et de liqueurs. On obtient ce produit, appelé essence de framboise, en faisant infuser les fruits dans de l'alcool et en filtrant ; quelquefois on le distille, afin de l'avoir incolore. Comme le framboisier ne croît que dans les pays froids, il est peut-être l'unique source de parfums que les pays chauds ne puissent pas nous disputer ; aussi faut-il le cultiver avec le plus grand soin, et développer le plus possible la culture de cet intéressant arbuste qui est identique à celle du cassis.

Racines pour la grande culture.

Le topinambour (*fig.* 54) devrait remplacer la pomme de terre dans les terres humides, où il rapporte beaucoup plus qu'elle, et ne pourrit jamais. Comme il ne gèle pas non plus, on arrache ses tubercules au fur et à mesure des besoins, et on les donne crus et découpés en tranches au bétail. Quant aux fanes, qu'on coupe avant les premières gelées, on en fourrage les feuilles, et on garde les tiges pour chauffer les fours et les poêles, où elles produisent le même effet que les fagots de sapin.

Dans les terres sèches, par contre, un des végétaux qui rapportent le plus est l'igname de Chine (*fig.* 55), robuste plante grimpante, dont les tiges souterraines et charnues ont toutes les qualités des meilleures pommes de terre ; en hiver, les tiges gèlent, mais les racines se conservent fort bien en terre, où elles pénètrent profondément, ce qui en rend l'arrachage très-difficile. La variété à racines rondes, dite de Decaisne (*fig.* 56), n'a pas cet inconvénient, qui rendait la culture de cette igname impossible dans les terres pierreuses.

Fig. 54. — Topinambour.

Les fleurs abondantes de celte plante sont une ressource

précieuse pour les abeilles, parce qu'elles s'épanouis-

Fig. 55. — Igname de Chine.

sent à la fin de l'été, précisément à l'époque où les

fleurs des champs font défaut à ces industrieux in-

Fig. 56. — Igname de Decaisne à racines rondes.

sectes; elles répandent durant toute la nuit une délicieuse odeur de vanille.

III

GRAMINÉES.

La zizanie aquatique ou riz du Canada (*fig.* 57), pourrait changer la face de nos marais et transformer nos tristes tourbières en sources abondantes d'un grain excellent et d'un fourrage de première qualité. Cette plante annuelle ressemble au seigle, et veut avoir sa racine dans l'humidité, sinon dans l'eau ; coupée en vert, elle vaut la meilleure herbe ; arrivée à maturité, elle donne un grain et une paille qui valent ceux du seigle. Les essais qu'on en a faits depuis quelques années, dans les marais de Poméranie, ne laissent pas de doute sur l'importance que cette culture aurait pour tous les marais d'Europe.

Fig. 57. — Zizanie aquatique ou riz du Canada.

IV

Les textiles font défaut à nos manufactures ; il est
nécessaire de stimuler la culture du lin et du chanvre,
auxquels on pourrait associer, dans les terres humides
et les régions tempérées, l'ortie blanche de la Chine
(*fig.* 58), dont les tiges fournissent une filasse aussi
forte que la soie et presque aussi brillante qu'elle.

Fig. 58. — Ortie blanche de la Chine.

V

LÉGUMES.

Parmi les nouveaux légumes à recommander, le cerfeuil bulbeux (*fig.* 59) occupe sous tous les rapports le premier rang ; cette belle ombellifère se sème, en terre fertile, meuble et fraîche, en août, mais ne germe qu'au printemps ; ses feuilles primordiales sont tellement petites, qu'on les voit à peine ; aussi doit-on bien se garder de sarcler les planches dans lesquelles on l'a semé. Plus tard apparaissent d'abondantes feuilles velues, découpées et d'un beau vert, comme celles du persil, qui jaunissent, puis se dessèchent à la fin de juillet. C'est à leur base qu'on trouve une racine charnue, grosse comme une carotte, mais plus courte ; la chair en est blanche et excessivement fine ; sa saveur, qui rappelle celle des châtaignes, est réellement délicieuse ; aussi, ce légume est-il d'autant plus rapidement devenu à la mode, qu'il arrive sur le marché précisément à l'époque où les vieilles pommes de terre ne valent plus rien et où les nouvelles sont encore rares et chères. On apprête ce légume absolument comme les pommes de terre. Il faut éviter de l'arracher d'avance, parce qu'il se fane ; en le laissant en terre, sa

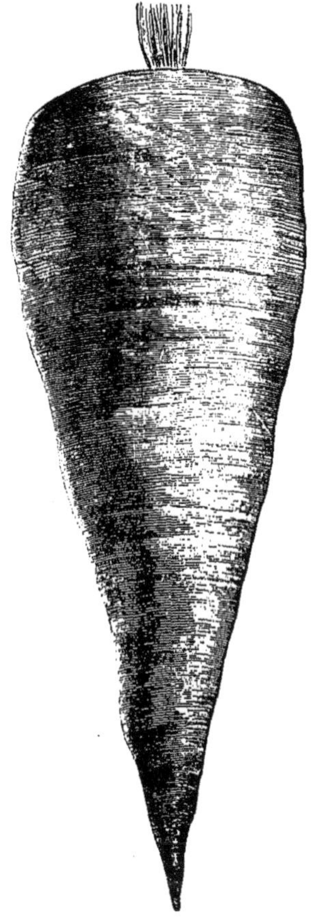

Fig. 59. — Cerfeuil bulbeux.

s iveur s'affine d'ailleurs encore, et prend, vers la fin de

6

l'automne, un goût vanillé qui a fait rechercher le cerfeuil bulbeux par les confiseurs, qui en ont effectivement
tiré un bonbon délicieux.

Le chervis est une espèce de céleri, portant en terre
cinq ou six racines allongées, grosses comme le doigt,
très-farineuses et légèrement sucrées ; il ne réussit
bien que dans les terres légères et humides, en sorte
qu'il sera, comme le précédent, une très-sérieuse
conquête pour les jardins humides des régions froides,
car il supporte aisément 20 degrés de froid. Dans les
terres sèches, cet excellent légume devient ligneux,
aussi est-il inutile d'en essayer la culture partout où
on ne peut pas lui fournir de l'eau en abondance. Le
chervis étant d'une digestion très-facile, il est supporté
par les estomacs délicats, auxquels il est d'autant plus
utile, qu'il est beaucoup plus nutritif que la pomme
de terre.

On sera surpris de nous voir ranger l'angélique
(*fig.* 60) parmi les légumes, car cette belle plante n'est
guère connue que des confiseurs et des liquoristes ; les
premiers font avec ses hampes florales l'angélique
confite, et les seconds emploient ses graines, ses feuilles et ses racines pour fabriquer la célèbre liqueur
appelée *chartreuse*. Rien n'est cependant plus juste,
puisque ces mêmes hampes florales, blanchies dans
l'eau bouillante, pelées et coupées en tronçons, servent
de pain aux habitants des régions polaires. On a un peu
de peine à s'habituer à ce mets ; mais, une fois qu'on
en a pris l'habitude, on ne peut plus s'en passer, et on

doit à son usage d'échapper aux fièvres de marais, si

Fig. 60. — Angélique.

communes dans ces régions pendant leur été si court,

mais très-chaud. L'angélique est une belle et forte

Fig. 61. — Patate douce.

plante bisannuelle qui devrait être cultivée dans tous

les pays froids, ne fût-ce que comme fourrage, parce que tous les bestiaux la recherchent avec avidité.

La patate douce(*fig.* 61) est un excellent légume qui mérite d'être essayé, mais seulement dans le jardin des riches, parce que sa culture est assez difficile; il faut, en effet, en garder des boutures en pot, pendant l'hiver, et ne les risquer en plein air que quand les gelées ne sont plus à craindre; leur culture ressemble d'ailleurs à celle de la pomme de terre. Les feuilles se mangent en guise d'épinards, mais le produit principal se tire des racines, grosses comme le poing, et de couleur rouge, jaune ou blanche, et dont la saveur douce et la consistance farineuse sont parfaites; malheureusement, il faut les consommer à mesure qu'on les arrache, parce qu'elles pourrissent en hiver.

La tétragonie, ou épinard de la Nouvelle-Zélande, se trouve déjà dans beaucoup de jardins, quoique la saveur de ses feuilles laisse à désirer; c'est une précieuse ressource, au gros de l'été, pour les ménagères, parce qu'elle rapporte d'autant plus qu'il a fait plus chaud et plus sec; mais elle craint le froid.

VI

Aux espèces d'arbres qui peuplent les forêts , on pourrait associer, partout où le sol est humide et l'air froid, le célèbre et magnifique érable à sucre du Canada (*fig.* 62). On sait qu'en évaporant sa séve, on obtient un sucre excellent identique à celui de canne et dont la production va augmentant sans cesse à mesure qu'on étend les plantations de cette admirable essence. Comme l'extraction de la séve ne nuit pas au développement de l'arbre, le sucre est obtenu en produit net, en sorte que le bénéfice est énorme. Le bois est dur, de couleur brune et d'un grain tellement fin, qu'il est un des plus recherchés par les ébénistes.

Les différentes espèces de chênes d'Amérique méritent aussi l'attention des forestiers, et plus encore, les différentes espèces de noyers à bois blanc qui, sous le nom de hickory, fournissent aux États-Unis leurs meilleurs bois de construction.

Quant aux gigantesques sapins du Mexique et de la Californie, ils sont actuellement l'objet de nombreux essais qui permettront de juger bientôt de leur valeur comme essences forestières. M. Henri Schlumberger,

Fig. 62. — Érable à sucre du Canada.

entre autres, a planté 2,000 *sequoia gigantea* (*fig.* 63) dans ses terres de Guebwiller, où ils viennent à mermeille ; espérons que, dans son zèle pour toutes les choses grandes et bonnes, il essayera aussi d'importer le pin de Lambert, qui est au sequoia ce que cet arbre est à notre sapin commun ; on assure, en effet, que cet arbre atteint la hauteur vraiment incroyable de 200 à 267 mètres, et que ses cônes ont 33 centimètres de long !

La question des haies n'est pas bien comprise ; elles ne sont pas assez nombreuses, et on les plante constamment en épine blanche ou noire, qui ne donnent aucun produit ; autant vaudrait n'avoir que des murs, si ces haies, impénétrables à tous leurs ennemis, ne servaient pas d'asile aux petits oiseaux, qui y élèvent leurs couvées. Or, comme on atteindrait le même but en leur substituant des haies d'arbres capables de produire du fourrage, comme celles de mûrier, de frêne, de saule, de chêne ou de noisetier, on fera bien de les adopter partout où cela peut se faire, c'est-à-dire partout où on n'exige pas de la haie une parfaite impénétrabilité. Les haies ne servent pas seulement à enclore les terrains, mais elles les abritent et les fertilisent, en empêchant les vents de les dessécher ; c'est aux haies essentiellement que les fertiles pâturages de la Normandie doivent leur existence, en sorte que leur multiplication sur tous les terrains exposés à l'action des vents augmenterait certainement leurs produits.

Dans le voisinage des habitations, où il est permis de faire la part du luxe, nous ne saurions trop recommander de planter le plus beau des arbres toujours

Fig. 63. — Sequoia gigantea.

verts, l'*aucuba japonica* (*fig*. 64) à feuilles vertes ou

panachées. Il y a longtemps qu'on a ce bel arbrisseau
à larges feuilles coriaces, mais on ne possédait que des

Fig. 64. — Aucuba japonica.

pieds femelles, en sorte qu'on n'en connaissait pas les

fruits; ce n'est que depuis peu d'années qu'on possède le mâle, grâce à l'influence duquel on voit tous ces buissons couverts de longues grappes de fruits du plus beau rouge, dont la nuance éclatante tranche admirablement sur le beau vert glacé du feuillage, et, pendant l'hiver, sur le blanc manteau qui couvre le sol.

TROISIÈME · PARTIE

SOINS A DONNER

AUX ANIMAUX ET AUX PLANTES

RÉCEMMENT IMPORTÉS

AUX ANIMAUX ET AUX PLANTES

RÉCEMMENT IMPORTÉS

I

CONDITIONS GÉNÉRALES DE LA RÉUSSITE DANS L'ACCLIMATATION.

Pour agir avec chance de réussir quand on veut importer des animaux ou des plantes, on doit se rendre
bien compte du but qu'on désire atteindre, bien connaître les circonstances dans lesquelles on est placé et
ne rien ignorer sur l'état naturel des êtres vivants à
importer. Reprenant ces trois points, il est clair que si
les animaux domestiques ordinaires suffisent à tous nos
besoins, il est inutile d'en introduire d'autres et de
s'exposer à faire ainsi de grosses dépenses qui n'au-
ront jamais de compensation. Mais, si, par exemple,
on habite un pays trop froid pour les vaches, on y in-
troduira des yaks, tandis que, s'il est trop chaud pour
ces précieuses laitières, on y amènera des chèvres
d'Égypte. Il serait donc inutile de chercher à importer
la chèvre d'Angora et le zébu en Suède ; ces animaux
n'y réussiraient pas plus que le renne et le lagopède

sous le ciel d'azur de l'Italie, de l'Espagne ou de la Pro-
vence. Ce n'est pas tout ; car si l'acclimateur doit tenir
compte du climat dans les chances de réussite, il a à
s'occuper d'autres facteurs, c'est-à-dire de la nature
du sol et de celle de ses produits. Il y a des animaux
qui exigent des terrains secs, d'autres des terrains humides ; d'autres aiment les plaines, tandis qu'il y en a
qui n'aiment que les montagnes ; les uns exigent toujours une alimentation verte, tandis que d'autres la
préfèrent sèche ; certains ne se nourrissent que d'insectes, et d'autres que de fruits ; enfin presque tous
sont sensibles aux changements brusques de température, et la plupart craignent l'humidité.

L'acclimateur doit donc posséder à fond toutes les
branches des sciences naturelles, et être doué d'une
grande dose de bon sens, sans lequel il n'arrivera jamais à apprécier à leur valeur réelle tous les facteurs
capables d'influer sur l'avenir de ses entreprises.

Comme les plantes sont bien plus sensibles à ces
dernières influences que les animaux, parce qu'atta-
chées au sol, elles ne peuvent pas se soustraire comme
eux à l'action de la plupart de ces influences, on devra
les étudier pour elles avec encore plus de profondeur.

L'acclimateur, afin de se familiariser avec les mœurs
et l'habitat des êtres vivants exotiques, ne saurait trop
étudier les publications des voyageurs naturalistes ; et
sous ce rapport-là, celles des voyageurs allemands et
anglais sont bien supérieures à celles des nôtres pour
lesquels le pittoresque a toujours plus d'attrait que

l'étude de la nature. Il y a cependant quelques honorables exceptions à faire, surtout pour les frères Verneaux, dont toutes les relations de voyages, trop peu nombreuses d'ailleurs, laissent le naturaliste bien informé et satisfait. Par contre quel indice tirer pour la culture d'une plante de ce simple mot : vient du Mexique; assurément aucun, puisque ce pays possède tous les climats, depuis le torride jusqu'au glacial, et tous les genres de terrain et d'exposition ; de là vient que les horticulteurs font si souvent fausse route dans les soins qu'ils donnent aux plantes qu'on leur envoie d'autres pays. Pour être utiles à leurs compatriotes, les voyageurs naturalistes devraient donc ajouter à leurs descriptions l'indication exacte de l'habitat des plantes, de la nature du sol où elles se plaisent, et de la température à laquelle elles y sont exposées. Pour les animaux, on a besoin des mêmes indications, et en plus de celles qui sont relatives à la nourriture. Quand les chèvres d'Égypte arrivèrent pour la première fois en Europe, on les nourrit comme les nôtres, et, bien qu'on les tint au chaud, dans des étables très-sèches, elles ne tardèrent pas à y succomber les unes après les autres, sous l'influence d'une espèce de dyssenterie qui ne cessa que lorsqu'on les mit au régime auquel elles étaient habituées, et qui consiste en paille avec quelques poignées de maïs.

II

TRAITEMENTS A APPLIQUER AUX ANIMAUX D'APRÈS LEUR CARACTÈRE.

Le caractère des bêtes sauvages est souvent un invincible obstacle à leur domestication; car celles qui sont farouches, comme les gazelles par exemple, sont sujettes à des accès de frayeur durant lesquels elles se jettent contre tout ce qu'elles rencontrent et vont jusqu'à s'assommer contre les parois de leurs prisons. Certaines perdrix, entre autres celle de Chine, sont dans ce cas. Quand les animaux farouches s'apprivoisent, ils deviennent en général stupidement méchants et attaquent tout sans raison; c'est le cas du nilgaut par exemple, qui, sans provocation ni avertissement, attaque son gardien, le perce de ses cornes, et le foule aux pieds jusqu'à ce qu'il le croie mort.

Pour les animaux domestiques, il est clair qu'on devra leur appliquer les traitements auxquels ils sont habitués dans leur pays natal; c'est pour ne pas avoir tenu compte de cette condition qu'on n'a pas pu conserver les dromadaires dans les landes de Bordeaux, parce que, habitués à être conduits avec douceur, ils répondaient aux coups que leur appliquaient leurs nouveaux gardiens en les déchirant à belles dents et en les foulant aux pieds.

Lorsque, manquant de tous renseignements, on a un animal nouveau auquel on tient beaucoup, il n'y a rien autre chose à faire qu'à l'observer, et avec un peu d'habitude, on arrive bien vite à deviner ce qui lui manque. Cependant il faut se garder de se décider trop tôt, surtout pour les oiseaux ; car plusieurs d'entre eux sont si timides, — cela est tout spécialement le cas des petits perroquets et perruches, — qu'il leur faut bien des jours avant de se décider à *choisir* parmi les différentes sortes d'aliments qu'on leur présente ; et encore faut-il les leur offrir d'une manière convenable ; car les uns prennent les aliments au fond de la cage, d'autres en haut seulement ; les psittacules, par exemple, ne relèvent jamais quelque chose qui tombe au fond de leur cage dont ils ne foulent jamais le sable, parce qu'ils sont habitués à vivre dans la couronne des palmiers les plus élevés.

En général, on ne saurait apporter trop de douceur et de patience dans la manière dont on traite ces nouveaux venus ; le moindre mouvement vif, une parole prononcée trop haut, et plus encore un coup, peut les effaroucher à tout jamais. Aussi est-il impossible aux personnes violentes et emportées de s'occuper d'animaux ; celles-là n'ont pas, comme on dit, la main heureuse et ne savent, malgré toute leur bonne volonté, s'attirer que des coups de pied, de griffe, de corne ou de bec. Il y a des personnes que les animaux aiment ; elles sont toujours douces. Les perroquets abhorrent celles qui ont les mouvements brusques ; aussi les poltrons ne doivent-ils pas se mêler d'apprivoiser des animaux dangereux ; car, possédés par la peur, ils se sau-

vent au moment même où un acte d'énergie dompterait
à tout jamais l'être rebelle auquel ils ont voué leurs
soins.

A côté des précautions générales, il y en a d'autres
spéciales : ainsi, par exemple, l'emploi des friandises,
celui de la brosse rude pour les gros animaux qui aiment en général à être grattés. Presque tous les animaux aiment le pain, le sucre, les fruits, le sel ; il faut
connaître la préférence de chacun d'eux, et cela suffit
souvent pour s'en faire des amis ; cela n'arrive cependant pas toujours, surtout avec les ruminants qui,
moins doués au point de vue de l'intelligence que les
autres, mordent ou frappent facilement, si, habitués à
recevoir des friandises, on ne les leur donne pas au
moment où ils les demandent. Cela m'est fort souvent
arrivé avec des vaches et des moutons.

La brosse, ou quelquefois même seulement les on-
gles, sont un moyen souverain de s'attacher les pachy-
dermes et les ruminants qui aiment qu'on les étrille,
qu'on les gratte sur le dos ou le front. Il y a quelques
années qu'on amena au Jardin Zoologique de Marseille
un énorme tapir dont les employés avaient peur ;
armé d'une brosse de racines et de quelques morceaux
de pain, je pénétrai dans sa loge, où la connaissance
fut vite faite ; après que je lui eus bien brossé le dos
et les flancs, l'énorme bête ne voulait plus me quitter,
et l'on eut toutes les peines du monde à lui faire
reprendre la route de son étable.

Les perroquets aiment aussi qu'on leur gratte la tête ;

cependant quelques-uns ne se prêtent pas à ce genre de caresses, surtout lorsqu'ils sont encore farouches. Ce qu'il y a de mieux à faire pour calmer l'humeur acariâtre de certains de ces oiseaux, c'est de leur appliquer le procédé imaginé par les sauvages de la Nouvelle-Hollande pour les dompter ; il consiste à les prendre par les pieds, et à les faire tourner en rond jusqu'à ce qu'ils soient étourdis ; ce moyen est infaillible au point qu'on est rarement obligé de l'employer plus de deux ou trois fois.

Avec ceux qui sont déjà privés, il arrive souvent qu'il faut les corriger d'accès de mauvaise humeur, ou qu'on désire leur faire perdre l'habitude de crier ; on se contente alors de leur frapper la tête, avec une petite baguette, à la base du bec, seule partie du corps où on puisse les atteindre sans peine et sans risquer de les blesser. Ce mode de correction réussit presque toujours ; cependant il y a des sujets rebelles, — et les amazones sont dans ce cas, — avec lesquels on ne gagne rien que par la douceur la plus soutenue. Du reste, on ne saurait trop répéter que la douceur est la première vertu de l'éleveur. Cela est si vrai que quand le Pacha d'Égypte envoya en France un petit troupeau de magnifiques zébus du Soudan, ces beaux animaux arrivèrent sur les quais de Marseille dans des stalles mobiles. En l'absence de leur gardien indigène, on ouvrit les stalles et l'on confia à deux soldats, qui la tenaient par des cordes, la garde de chaque bête. Peu habitués à être menés de la sorte,

7.

ces robustes zébus se débarrassèrent en un seul coup
de tête de leurs gardiens et de leurs liens, puis se réuni-
rent en un bataillon carré que, malgré toute sa bra-
voure, l'infanterie n'osa plus aborder ; vite on alla
chercher l'indigène qui, riant beaucoup de la mésaven-
ture, siffla ses bêtes et, se mettant à leur tête, les con-
duisit, sans hésitation aucune, à travers les quartiers les
plus populeux de la ville, jusques au Jardin Zoologique.
De là, on les dirigea ensuite sur Paris, et on ne laissa à
Marseille qu'une paire de ces animaux qui, sans doute
à cause de la brutalité de leur gardien, y devinrent si méchants qu'on ne pouvait plus en approcher, ce qui dé-
cida à les envoyer au Jardin du Hamma près d'Alger, où
les bons soins que leur donna le directeur M. Hardy
en firent bien vite des animaux doux comme des
agneaux, et qui se sont, dès lors, reproduits tous les
ans.

III

PREMIERS SOINS A PRENDRE LORS DE LA RÉCEPTION DES ANIMAUX.

Quand on reçoit des animaux, la première chose à
faire est de leur donner à manger, à boire, et de les
laisser en repos ; rien ne les tourmente et ne les agite
plus que cette importune curiosité qui accueille tous les
nouveaux venus. S'ils sont habitués à de certains aliments, on les leur continue et on ne les change que peu

à peu et à mesure qu'on constate que ce changement ne nuit pas à leur santé ; on évite aussi avec le plus grand soin de leur donner de l'eau trop froide et de les exposer à la pluie, au vent, au grand soleil, et surtout aux courants d'air. Dès que la connaissance est faite, on les visite le plus souvent possible afin de se mettre au courant de leurs habitudes, auxquelles on tâche de répondre le mieux qu'on peut et sous tous les rapports. Si les animaux sont très-farouches, on les visite rarement d'abord et l'on ne se montre à eux que lorsque le danger de les effrayer est devenu moindre.

Une excessive propreté est indispensable au bien-être de tous les animaux ; et, chose curieuse, le porc, qu'on donne comme le type de la saleté, est, sans exception, de tous les animaux domestiques, celui qui en a le plus quand on le laisse faire. J'ai possédé une paire de porcs chinois qui, logés sous un auvent bien clos, dans une grande cour, y arrangeaient leur litière de manière à s'y cacher totalement. Pour se vider, ils allaient toujours sur le fumier : aussi étaient-ils toujours de la plus exemplaire propreté. Quand la truie mit bas, et aussi longtemps que ses petits ne purent sortir de l'étable, elle emportait avec le plus grand soin toute la paille qu'ils avaient salie, et la remplaçait par de la propre que je tenais à sa portée.

Les animaux qui ont voyagé longtemps sont en général infestés de vermine qu'il est assez difficile d'enlever chez ceux qui sont couverts de plumes ou de longs poils. Pour les oiseaux, le mieux est, pour les baigneurs, de leur donner de l'eau en abondance, et pour les pulvérateurs, du sable fin ; si cela ne suffit pas, on introduit sous leurs plumes, à l'aide d'un petit soufflet, de la poudre insecticide de Willemot, ou bien encore on leur frotte le derrière de la tête, sur la peau, avec un peu d'onguent mercuriel gris.

Les gros animaux sont débarrassés de la vermine par des lavages au savon vert qu'on répète de temps en temps, et par des peignages ou étrillages fréquents; un simple collier en ficelle imprégné d'onguent gris et attaché derrière la tête est ce qu'il y a de mieux dans la plupart des cas : on l'enlève dès qu'il est devenu inutile ; cette action sympathique du mercure est vraiment curieuse.

Il est dangereux de laisser d'emblée trop de liberté aux nouveaux venus ; aussi ne leur donne-t-on plus d'espace que peu à peu, et lorsqu'on est sûr qu'ils n'abuseront pas de leur liberté et qu'ils connaissent bien leur nouveau domicile. En agissant d'une autre façon, on s'expose à les rendre farouches et ils s'habituent moins aisément à une nourriture que souvent ils n'ont jamais vue.

On fait bien de séparer les sexes afin d'éviter des batailles entre les mâles ; cependant je conseille de les laisser toujours à proximité et séparés par une claire-voie pour qu'ils ne soient pas étrangers les uns aux autres au moment de la multiplication. Il est clair qu'à cette règle générale il y a une exception à faire pour les oiseaux monogames, tels que les pigeons, les sarcelles,

les grives et tant d'autres encore. Cependant, chez les oiseaux monogames qui ne font qu'une seule ponte par an, on doit aussi séparer les sexes en hiver, sinon les mâles maltraitent les femelles; c'est tout spécialement le cas des merles et des cardinaux.

Quand on veut introduire des animaux étrangers dans un troupeau quelconque, on les présente aux autres d'abord à l'écurie, à l'abreuvoir, dans la cour; on ne les réunit au troupeau que quand la connaissance est faite, sinon il en résulte des batailles souvent graves, et dans lesquelles les nouveaux arrivés ont presque toujours le dessous. Du grand au petit, on prend les mêmes précautions pour les oiseaux de basse-cour qui attaquent sans pitié tous les intrus jusqu'à ce qu'ils se soient habitués à eux. La même chose arrive pour les bêtes faibles et malades; aussi peut-on dire en toute vérité que la pitié est une vertu totalement inconnue aux animaux, et qu'elle est un des plus beaux apanages de l'homme.

Il n'est pas bon de trop mêler les espèces dans un même local, parce que les fortes tyrannisent les faibles, et que celles qui sont turbulentes tourmentent les tranquilles au point de les faire périr. Ainsi, une seule pintade suffit pour mettre toute une basse-cour sens dessus dessous, et un cardinal ou un tisserand, introduits dans une volière, empêchent tous les autres oiseaux de nicher à force de les poursuivre.

IV

NOURRITURE ET LOGEMENT DES ANIMAUX.

Il y a heureusement peu d'animaux qui ne puissent vivre que d'une seule et même nourriture ; mais presque tous en ont une préférée et qu'il est souvent difficile de connaître. C'est ainsi que le renne préfère les durs lichens au foin le plus délicat, et que le grand tétras abandonne les grains les plus nutritifs pour les aiguilles de pin qui communiquent à sa chair le goût de térébenthine qui la caractérise. Les grives recherchent les sorbes ; les jaseurs, les baies de genièvre ; et les fauvettes à tête noire, celles de sureau ; c'est à ce goût qu'on doit de voir beaucoup d'animaux se cantonner à l'état sauvage, et nos animaux domestiques aimer certaines pâtures plus que d'autres. Il suffit de répondre à ces goûts pour fixer des animaux dans les localités où ils ne se trouvaient pas d'abord ; c'est ainsi qu'en plantant la ficaire à feuilles de renoncule le long des ruisseaux, on y attire les faisans qui se nourrissent en hiver de sa succulente racine, et qu'en multipliant les ronces dans les clairières des forêts, on y fixe les chevreuils qui en mangent la feuille durant la mauvaise saison. Pour attacher les pigeons au colombier, on y dépose dans de larges plats une pâtée faite avec de la terre, du sel, de la craie, du salpêtre, et des graines d'anis, dont ils sont tellement friands, qu'il arrive souvent que des pigeons étrangers viennent se fixer dans les colombiers où ils savent qu'ils trouveront cette graine.

L'espace à assigner aux animaux est presque toujours difficile à déterminer d'emblée, en sorte que pour y arriver on doit étudier leurs mœurs. En général tous les animaux qui ont de la tendance à se domestiquer et ne craignent pas la société, peuvent être réunis en assez grand nombre sur le même point ; mais, il y a des exceptions à cet égard, surtout pour les oiseaux de basse-cour dont quelques-uns, tels que les pintades, les dindons, les faisans et les paons, exigent beaucoup d'espace. Dans une petite basse-cour où ne tiendraient pas quatre poules du pays à cause de leur incessant besoin de locomotion, dix placides poules de Nankin sont à l'aise, et produisent trois fois plus qu'elles. C'est bien pis encore pour les poules malaises, dont les longues jambes font des oiseaux quasi coureurs, et qui semblent prédestinées à peupler les grèves. Le canard commun n'exige pas beaucoup de place ; il en faut davantage au canard musqué, et plus encore à l'oie.

Pour l'exposition, on peut dire que tous les animaux aiment le soleil ; seulement ils en craignent les rayons directs, auxquels seuls les poules et les autres gallinacés s'exposent en plein midi ; les gros animaux les redoutent, surtout en été, et regagnent leurs étables ; les autres se mettent à l'ombre sous les arbres et derrière les haies dont on ne saurait assez recommander la multiplication, tant tous les animaux en ont besoin, et ne fût-ce que pour protéger la nichée de ces jolis oiseaux insectivores qui défendent nos récoltes contre des ravageurs trop petits pour que l'homme puisse les atteindre.

Les abris naturels tels que les arbres et les buissons sont les meilleurs de tous et ceux qui demandent le moins d'entretien ; mais il faut les bien choisir. Les arbres fruitiers et les marronniers seraient excellents en fait d'arbres, si leurs fruits, trop volumineux pour être avalés, ne risquaient pas d'étouffer les animaux qui les trouvent à terre ; aussi fera-t-on bien de leur préférer les tilleuls, les saules, les robiniers, les sapins et les mûriers ; ces derniers sont excellents surtout dans les basses-cours, à cause de leurs fruits que tous les oiseaux mangent avec avidité. On doit éviter avec le plus grand soin les ifs et les sabines, parce que leur feuillage est excessivement vénéneux ; aussi ne faut-il attribuer qu'à leur présence dans les parquets du Jardin d'acclimatation du bois de Boulogne la mortalité énorme des animaux qu'on y élève.

Les meilleurs buissons sont ceux à fruits, tels que sureaux, framboisiers, groseilliers rouges et cassis, ronces, rosiers, lilas et spirées de toutes espèces ; il faut rejeter le buis dont le feuillage est aussi vénéneux que celui de l'if, et dont l'odeur vireuse est désagréable. Enfin, on ne saurait trop recommander l'usage des plantes annuelles buissonnantes ou à tiges élevées, comme le tournesol, l'alpiste, le millet, et surtout l'avoine, dans les chaumes de laquelle presque tous les **oiseaux gallinacés aiment à placer et à dissimuler** leurs nids. Il suffit de placer dans le coin d'une volière une caisse pleine de terre et ensemencée d'avoine, pour qu'aussitôt cailles et perdrix aillent y déposer leurs œufs et y élever leurs couvées. On doit défendre ces plantations contre les oiseaux tant qu'elles sont très-jeunes, sinon ils les arrachent totalement pour en manger les fraîches et tendres pousses.

Pour attirer les insectes dont la plupart des jeunes oiseaux font leur nourriture, et qui composent en tout ou en partie celle de beaucoup d'espèces adultes, on est souvent assez embarrassé. Rien cependant n'est plus facile en été; il n'y a qu'à mettre dans les volières des planches frottées avec un sirop de sucre, et d'autres avec l'eau dans laquelle on a lavé la viande ; les premières se couvrent aussitôt de mouches communes, et les autres de mouches à vers, que les oiseaux vont y saisir. Pour les gallinacés de forte taille, tels que les hoccos et les faisans, on a recours aux escargots hachés avec leurs coquilles dont ils sont très-friands, puis aux hannetons, aux sauterelles, et enfin aux œufs cuits durs et hachés seuls, ou avec des oignons, puis avec l'herbe, et qui agissent comme fortifiants et digestifs. Pour les oiseaux plus petits, on se sert de vers de farine, de grillons et d'œufs de fourmis. On élève les premiers dans du son mêlé avec de la farine, tandis que les derniers, recueillis en été et desséchés, sont faciles à acheter partout.

Une nourriture trop peu connue et avec laquelle on peut souvent remplacer les insectes, est la graine de lin concassée dans un moulin à café dont on rapproche la noix des cannelures du cylindre jusqu'à ce qu'elle les touche à peu de chose près ; j'ai vu des rossignols et des fauvettes qui ne mangeaient que cela. On peut aussi nourrir des calandres uniquement avec de la graine de pavots, et des cardinaux avec du chènevis ; il est cependant toujours prudent d'ajouter à cette nourriture, de temps à autre, des vers de farine, ou des œufs de fourmis. Pour l'alimentation des oiseaux insectivores je me suis très-bien trouvé d'une farine plus ou moins humectée et obtenue en pilant des bonbons faits avec 1 kilogramme de fleur de farine, 5 œufs, 250 grammes de beurre, et 250 grammes de sucre pilé, pétris ensemble et cuits au four ; on les garde très-longtemps dans des vases hermétiquement clos. Cette pâtée convient surtout aux merles blancs. Pour les grives et les étourneaux on emploie des figues sèches de seconde qualité, qu'on hache fin avec du son afin de les empêcher de se coller, et auxquelles on ajoute de temps à autre du cœur de bœuf, du mou, ou du foie de veau, hachés et mêlés aussi avec du son qui les isole et les rend plus faciles à saisir. Enfin presque tous les oiseaux aiment les fruits et les carottes ; on les leur offre râpés et généralement mêlés au reste de leur nourriture.

Beaucoup d'oiseaux recherchent la verdure ; tous les gallinacés et beaucoup de chanteurs sont dans ce cas : aussi tient-on sans cesse à leur disposition du mouron, de la laitue ou de la chicorée.

Tous les animaux aiment à avoir des cachettes dans lesquelles ils puissent se retirer et tout spécialement passer la nuit. On leur en offre de naturelles dans les buissons, ou d'artificielles dans des hangars, des écuries, et pour ceux qui sont plus petits, dans des caisses percées de trous et posées à terre ou fixées contre des murs ou contre des arbres. C'est dans ces retraites que la multiplication a lieu; aussi faut-il les garnir de paille, de mousse, ou de sciure de bois, suivant l'espèce destinée à les habiter. Pour les oiseaux qui nichent dans les trous des arbres, on dispose des fragments de branches de saules creusés de trous, ou bien des nids en terre cuite, et pour les autres, de petits paniers en osier ou en fil de fer étamé, dans lesquels ils construisent leurs nids.

Comme tous les animaux craignent l'humidité permanente, il faut établir leurs abris sur un sol bien sec naturellement, ou desséché artificiellement en lui donnant assez de pente, pour que les eaux puissent s'écouler; pour cela, on l'exhausse avec des graviers, un plancher ou de la paille. La moindre humidité stagnante nuit et cause des rhumatismes, la goutte, la diarrhée, la gale et la vermine; aussi ne saurait-on s'en garer avec assez de soin. Quand les pluies sont froides et prolongées, il vaut mieux garder les animaux sous les abris que de les laisser courir, parce qu'on s'expose à les refroidir et qu'on risque de faire avorter les femelles pleines. Au sujet de ces dernières, nous dirons qu'il faut les ménager le plus possible et éviter de

les effrayer et même tout simplement de les exciter.
Quand elles mettent bas, il n'y a rien de mieux à faire
que de les abandonner à elles-mêmes ; car la simple
présence de l'homme pendant cet acte suffit pour
engager beaucoup d'entre elles à abandonner leurs
petits, tandis qu'en général tout se passe bien quand
elles agissent seules. Il en est de même pour les
oiseaux qui ne veulent pas qu'on regarde dans leurs
nids, et encore moins qu'on touche à leurs œufs, ou à
leurs petits ; aussi, bien des amateurs ont-ils à n'im-
puter qu'à leur curiosité le manque de réussite dans
la multiplication de ces charmants volatiles. Même
pour les oiseaux de basse-cour les plus privés l'aide
humaine ne fait que du mal, parce que quand un oiseau
est assez faible pour ne pas sortir seul de sa coquille
et qu'on l'aide, il conserve pendant toute sa vie ce
manque de vigueur, et ne fait jamais qu'un triste
sujet. Laissons donc faire la nature ; nous ne sommes
pas encore assez habiles pour pouvoir l'aider.

Un fait curieux, c'est que le besoin de la reproduc-
tion est peu sensible et quelquefois même disparait
chez les animaux très-apprivoisés, et surtout chez les
oiseaux ; aussi n'est-il pas bon de s'en occuper trop,
et de les distraire ainsi de la grande œuvre de leur
multiplication. L'attachement pour l'homme est quelquefois si exclusif chez les animaux, qu'il les met en
guerre avec tous ceux de leur espèce ; c'est tout spécialement le cas du chien, du cheval, du perroquet,
du pigeon, de l'oie et de la poule.

V.

SOINS HYGIÉNIQUES ET MÉDICAUX.

Les animaux des contrées tropicales ont souvent de la peine à supporter nos hivers durant les premières années de leur importation ; aussi fait-on bien de les tenir dans des étables chauffées à l'aide de moutons, dont la chaleur douce et cependant forte est saine pour tous les autres animaux. On évitera de .chauffer les écuries avec des poêles, autant à cause de la dépense et des chances d'incendie que surtout à cause de leur chaleur inégale et trop brusque ainsi que trop sèche. Les portes des étables seront doubles, bien calfeutrées, et s'ouvriront dans un corridor, et non pas directement au grand air.

L'eau à boire sera, autant que possible, courante pour les oiseaux ; quant à celle où ils se baignent, elle sera légèrement chauffée en hiver et toujours très-propre, parce que la plupart d'entre eux refusent de se baigner dans de l'eau trouble.

Pour les mammifères, par contre, l'eau très froide est toujours dangereuse ; aussi fait-on bien de la laisser prendre la température de l'air en été, et de la faire tiédir en hiver. De l'eau trop froide arrête la digestion, provoque l'avortement, et peut même tuer net des animaux délicats et surtout des ruminants. Au gros de l'hiver, les moutons de l'Yémen et les chèvres d'Angora se détournaient de l'eau que je leur apportais de la fontaine, en sorte qu'il fallut y mêler de l'eau chaude pour la leur faire accepter. On peut aussi délayer dans l'eau chaude une poignée de farine et y ajouter l'eau froide ; tous les herbivores aiment beaucoup ces boissons blanchies qui leur sont utiles surtout pendant et après la gestation. Les vases dans lesquels on la transporte seront très-propres, car la moindre mauvaise odeur fait repousser l'eau ; celle qui a séjourné dans les étables ne vaut rien, parce qu'elle se charge de miasmes odorants et peut même se putréfier totalement, en sorte qu'il faudra jeter celle que le bétail n'aura pas bue.

Pour éviter les refroidissements, on habille en hiver les animaux à peau nue ou couverte de poils courts avec des couvertures de flanelle grossière; il est bon d'en revêtir aussi les bêtes à laine en été, lorsqu'après la tonte, il survient des journées froides et humides. Le moindre refroidissement est dangereux pour les ruminants exotiques auxquels il cause des coliques, la diarrhée, et le plus souvent des inflammations d'entrailles qui les emportent en quelques heures ; c'est de cette façon que j'ai perdu la plupart des chèvres qui m'ont été envoyées d'Égypte.

Les refroidissements sont tout autant à craindre pour les oiseaux, qui y sont tellement sensibles qu'un oiseau des pays chauds meurt si on le laisse quelques heures dans un courant d'air, même au gros de l'été, et que ceux de tous les pays, même ceux du Nord, succombent lorsqu'on leur coupe les ailes pour les empêcher de s'envoler. Cette stupide habitude n'est d'ailleurs

justifiable à aucun point de vue, puisqu'elle dépare
l'oiseau en enlevant aux ailes leur point d'appui, ce qui
fait qu'elles tombent et, en découvrant le dos qui reste
exposé alors complétement nu à toutes les influences
atmosphériques, amènent alors des refroidissements
rapidement mortels quand le temps est humide. C'est
à cette cause que le Jardin d'acclimatation doit de perdre une si énorme proportion de ses oiseaux d'eau. Rien
de plus facile cependant que d'empêcher les oiseaux de
s'envoler sans leur abîmer les ailes : il n'y a qu'à ébar-
ber les grosses pennes alaires d'un seul côté, ce qui
fait perdre l'équilibre et empêche totalement le vol.

Les perchoirs seront plutôt trop larges que trop
étroits, afin que les oiseaux puissent les embrasser so-
lidement, et user leurs griffes dessus; dans le cas contraire, ils sont exposés à en tomber, et leurs griffes
s'allongent assez pour gêner la marche, en sorte qu'on
est obligé de les couper. Les plus mauvais de tous les
perchoirs sont ceux en jonc parce qu'ils sont tellement
lisses que les oiseaux glissent dessus ; les meilleurs sont
en bois de sapin, ou tout simplement des branches
d'arbres couvertes de leur écorce ; ces dernières ont
cependant le désavantage de servir d'abri à la vermine
qui ronge les oiseaux, en sorte qu'il faut les rejeter
des volières couvertes et où, par conséquent, la pluie
ne peut pas les nettoyer.

Comme les animaux arrivent dans des cages où ils
sont plus ou moins gênés et où ils ont souvent séjourné
très-longtemps, ils s'y blessent, ou bien leurs articula-

tions prennent une roideur maladive qui amène des fractures dans le cas où on leur donne d'emblée trop d'espace ; ce n'est que petit à petit qu'on leur donnera la liberté, et seulement quand on sera sûr qu'ils jouissent de toute l'intégrité de leurs fonctions. S'ils sont blessés, on panse les plaies avec de l'eau fraîche et on les couvre de collodion quand elles ne suppurent pas ; dans le cas contraire, et surtout si elles sont infectées, on les lave avec de l'eau phéniquée et on les couvre de charpie afin d'empêcher le contact de l'air et d'éloigner les insectes. On panse les fractures avec des bandages amidonnés pour les oiseaux et les petits mammifères, tandis que pour les gros, on coule par-dessus un enduit de gypse qui donne à ces bandages une solidité telle, que la bête peut se servir du membre brisé, ce qui en assure la prompte guérison.

Une des affections qui causent le plus de mal chez les oiseaux, ce sont les abcès à la tête, dont l'issue est fréquemment mortelle ; dès qu'on les voit se développer chez les gouras ou les faisans, on isole les malades, et on leur donne de la verdure, des fruits, et de l'eau dans laquelle on dissout environ 10 grammes de rhubarbe par litre d'eau. Sous l'influence de ce régime tout à la fois rafraîchissant et tonique, la santé revient si on ne s'y est pas pris trop tard.

On sait que, sauf les perroquets, tous les oiseaux ont besoin de pierres pour faire la digestion ; il faut donc toujours en tenir à leur portée. Les meilleures sont les plus dures et elles doivent être d'autant plus grosses que le volume de l'oiseau est plus considérable : comme des pois pour les poules, et comme des lentilles pour les pigeons, tandis que du sable grossier suffit pour tous les autres.

Tous les animaux ont besoin de chaux ; aussi doit-on en tenir toujours à leur portée. Pour le bétail on la donne sous forme de craie en poudre mêlée à du son et du sel ; pour les gallinacés on se sert de calcaire, d'os, et mieux encore de coquilles d'huîtres en poudre grossière. Ce que les oiseaux chanteurs préfèrent, c'est un os de seiche qu'ils attaquent avec vigueur surtout au moment de la ponte, parce qu'ils lui empruntent la chaux nécessaire à la formation de la coquille de leurs œufs.

VI

GARDIENS.

Les gardiens devront être changés le moins souvent possible ; le même soignera toujours les mêmes animaux, et pour certains d'entre eux il devra pousser les précautions jusqu'à ne pas changer la couleur de ses habits ; cela est nécessaire surtout pour les gazelles et les faisans qui sont farouches au point que tout ce qui est nouveau les effraye. Ceux qui sont plus intelligents reconnaissent le gardien à sa voix, — tel est le cas des yaks, des chèvres, de beaucoup de gallinacés, des oies, et des oiseaux chanteurs, — et plus encore à son odeur, car la sensibilité de l'odorat des ruminants est tout aussi grande, pour la plupart d'entre eux, que celle du chien : telle est la raison pour laquelle les antilopes se sauvent à l'approche d'un chien, même quand elles ne le voient pas.

Les gardiens ne doivent pas être surchargés de besogne afin qu'ils aient le temps d'étudier les animaux confiés à leurs soins ; car eux seuls peuvent deviner, à force de les voir, s'ils sont bien portants ou malades, et trouver ce qui leur manque. Il y a des animaux qui veulent un coucher tendre, tandis que d'autres le veulent dur ; d'autres aiment les aliments secs, et d'autres les préfèrent humides et tendres, et souvent la vie d'un animal précieux tient à la connaissance de ses appétits. Pour le prouver, il y a quelques années qu'on m'apporta une charmante perruche d'espèce inconnue et à laquelle j'offris toute espèce de grains sans qu'elle y voulût toucher ; comme elle acceptait les fruits, j'eus l'idée de lui donner du pain trempé dans du lait, qu'elle mangea avidement sans vouloir dès lors toucher à autre chose. Ses cris étant désagréables, je la reportai au marchand qui ne lui donna que des grains et chez lequel elle périt misérablement peu de jours plus tard.

VII

SOINS A DONNER AUX VÉGÉTAUX NOUVELLEMENT IMPORTÉS.

La réussite des végétaux récemment importés est bien plus chanceuse que celle des animaux, parce qu'il est difficile d'apprendre exactement dans quelles conditions les plantes vivent dans leur pays natal, en sorte qu'il est presque impossible de reproduire autour d'elles les conditions de réussite voulues. La chose est un peu moins difficile quand on reçoit des plantes enracinées que lorsqu'on a seulement des graines, parce que la nature de la terre qui adhère aux racines apprend si elles exigent un sol léger ou compacte, meuble ou pierreux. Dans le doute, le mieux est d'essayer tous les sols, de mouiller suffisamment, et de mettre les plantes tout à la fois en plein air, en orangerie, en serre tempérée et en serre chaude ; en agissant ainsi, on recevra toujours une indication qui servira de guide pour les essais à venir.

L'eau des arrosements exerce une très-grande action sur les végétaux, car elle les tue si elle est trop froide ; aussi les jardiniers ont-ils bien soin de laisser tiédir à l'air, ou dans les serres celle qu'ils vont employer. Mais ce n'est pas tout ; car il y a des plantes, telles que les sarracenia et les dionea, que l'eau calcaire tue ; aussi ne peut-on les arroser qu'avec de l'eau de pluie ; il est probable que la plupart des autres plantes qui croissent dans les terrains tourbeux se trouvent dans le même cas. Lorsqu'on fait des provisions d'eau considérables, elle se corrompt, ce qu'on empêche en y entretenant quelques poissons rouges ou des carpes qui enlèvent la cause de la putréfaction en mangeant les petits êtres qui fourmillent dans les eaux dormantes. Les anguilles rendent les mêmes services ; mais pour elles on doit couvrir les réservoirs avec des grilles, sans quoi elles les quittent.

Il y a des plantes qui aiment à recevoir directement les rayons solaires, et d'autres, comme les caféiers, les bégonias et les caladiums, qui recherchent l'ombre : nouvel embarras; car ici, seule, l'expérience peut décider. Cependant la connaissance des habitudes de la famille peut déjà donner de bonnes indications, et en général on fait toujours bien de ne pas mettre en plein soleil les plantes qu'on ne connaît pas ; on les abrite d'abord, et ce n'est que peu à peu qu'on leur accorde la lumière, pour la leur retirer dès qu'on s'aperçoit qu'elles en souffrent. A ce propos nous rappellerons que les végétaux arrivés en caisse doivent être placés et empotés le plus tôt possible, tenus d'abord dans une atmosphère confinée chaude et humide, jusqu'à ce que leurs tissus aient repris leur force et leur vigueur primitives; on peut alors les exposer à un air plus vif et au grand jour, mais tout doucement et par degrés insensibles en s'arrêtant au point que la plante supporte le mieux.

Si l'air circulait dans les serres, les plantes s'y porteraient aussi bien que dehors ; mais elles souffrent toujours plus ou moins de cette atmosphère confinée et humide, qui favorise à l'excès le développement des moisissures et cause un affaiblissement marqué par la décoloration des tissus et l'étiolement des tiges ; mais c'est là un mal auquel on ne peut pas remédier, en sorte qu'il faut bien en prendre son parti.

Comme les plantes ne s'acclimatent pas, il est clair qu'il est inutile d'importer chez nous celles qui viennent des régions tropicales, puisqu'elles ne supporteraient pas nos hivers. Cependant il y a une exception à faire pour celles qui, comme le topinambour, la patate, le dahlia, ne végètent pas en hiver ; celles-là, mais aussi celles-là seules, peuvent être cultivées avec succès dans les régions tempérées, et même froides. C'est cette considération qui me fait croire à la possibilité de la culture en Europe de cet arracacha plus précieux que tous les trésors de la Californie, et qui ne m'a échappé que par la maladresse d'un jardinier qui l'a enlevé à la pleine terre pour le confier à la serre chaude dont la température trop élevée l'a tué. Je ne me console de cette perte qu'en espérant que quelque bienfaiteur de l'humanité essayera de l'importer encore et qu'il sera plus heureux que moi dans cet essai d'enrichissement de notre agriculture.

Nous ne saurions assez mettre au cœur de tous les hommes de progrès l'importation de la zizanie aquatique, grâce à laquelle nos marais inutiles deviendront des champs de blé et d'abondants magasins de paille ainsi que de fourrage. L'érable à sucre doit aussi attirer leur attention ; car dans nos montagnes humides et froides, il réussira partout au-dessus de la région où prospèrent les chênes, et leur fera produire autant de sucre qu'un champ de betteraves ; et cela, tous les ans et sans qu'il soit besoin, pour extraire ce sucre, d'un autre outillage que la simple marmite qu'on rencontre sur tous les foyers

Bien des plantes sans doute sont à gagner encore à nos champs et à nos jardins ; mais lesquelles ? Là est la lacune, l'immense lacune que les récits incomplets de voyageurs ont laissée dans l'instruction publique ; car on ignore quelles sont les unes, et on ne connaît pas les conditions dans lesquelles végètent les autres. La position étant telle, il ne nous reste qu'à adresser un chaud appel aux botanistes voyageurs, afin que dans leurs publications à venir ils joignent à la description exacte des plantes l'indication de leurs usages, de leur habitat et de leur culture. Pour donner une idée des richesses que nous pourrions acquérir ainsi, nous dirons qu'il y a sur les bords du fleuve Murrumbidgée, dans la Nouvelle-Hollande, de véritables forêts d'un roseau dont la racine traçante se renfle de distance en distance, en produisant des espèces de pommes de terre dont la chair bonne et savoureuse quoiqu'un peu grossière fait la base de la nourriture des indigènes, qui dans cette région sont des hommes magnifiques. Cette racine est utilisée par les Européens pour leur alimentation toutes les fois que les pommes de terre viennent à manquer, et régulièrement pour l'engraissement des porcs. Au cap de Bonne-Espérance, une liliacée indiquée déjà par Le Vaillant rend les mêmes services ; mais j'ignore et son nom et si l'on en a essayé l'importation. On affirme aussi qu'un dracæna rend des services analogues aux montagnards de l'île de Bornéo, en sorte que, dans tous les pays où nous porterons nos regards, il y aura des trésors botaniques à acquérir, et sur lesquels nous appelons l'attention de tous et de chacun.

FIN.

TABLE DES FIGURES

PREMIÈRE PARTIE

Les Animaux.

Fig. 1. — Yak... 11
2. — Zébu d'Afrique............................... 13
3. — Chèvre d'Angora............................ 17
4. — Mouton de l'Yémen........................ 21
5. — Mouton du Larzac......................... 23
6. — Castor...................................... 25
7. — Marmotte................................... 27
8. — Chinchilla.................................. 27
9. — Lapin angora.............................. 29
10. — Renard bleu ou Isati 30
11. — Martre..................................... 31
12. — Hérisson................................... 32
13. — Chauve-souris............................ 33
14. — Taupe...................................... 34
15. — Musaraigne............................... 35
16. — Poule de Bankiva ou naine............. 36
17. — Poule malaise............................ 37
18. — Coq de Nankin (ou vulgairement de Cochinchine)..................................... 38

Fig. 19. — Poule de Nankin (ou vulgairement de Cochinchine).. 39
20. — Coq de Crèvecœur............................ 40
21. — Poule de Crèvecœur.......................... 41
22. — Coq de La Flèche............................ 42
23. — Poule de La Flèche.......................... 43
24. — Coq de Houdan.............................. 44
25. — Poule de Houdan............................ 45
26. — Pigeon fuyard ou Bizet...................... 46
27. — Coq de bruyère ou grand Tétras............. 48
28. — Perdrix grise............................... 49
29. — Colin de Californie......................... 50
30. — Faisan commun............................. 51
31. — Pintade.................................... 52
32. — Gélinotte.................................. 53
33. — Lagopède des Hautes-Alpes................. 54
34. — Oie de Toulouse............................ 56
35. — Canard muet............................... 57
36. — Canard mandarin ou Sarcelle de Chine...... 58
37. — Eider...................................... 59
38. — Grive...................................... 61
39. — Étourneau.................................. 62
40. — Moineau franc.............................. 63
41. — Hibou...................................... 65
42. — Chouette................................... 66
43. — Buse commune.............................. 67
44. — Cresserelle................................ 68
45. — Corbeau................................... 69
46. — Grand-Duc................................. 70
47. — Abeille ouvrière............................ 73
48. — Ver à soie du mûrier à son 22ᵉ jour......... 74
49. — Ver à soie Bombyx du chêne................. 76
50. — Ver et cocon du Bombyx du chêne............ 77

DEUXIÈME PARTIE

Les Plantes.

51. — Cassis ou Groseillier à fruit noir................   83
52. — Groseillier à maquereau....................   85
53. — Framboisier commun........................   86
54. — Topinambour................................   89
55. — Igname de Chine............................   90
56. — Igname de Decaisne à racines rondes.........   91
57. — Zizanie aquatique ou riz du Canada..........   93
58. — Ortie blanche de la Chine...   95
59. — Cerfeuil bulbeux............................   97
60. — Angélique..................................   99
61. — Patate douce...............................   100
62. — Érable à sucre du Canada...................   103
63. — Sequoia gigantea...........................   105
64. — Aucuba japonica............................   106

FIN DE LA TABLE DES FIGURES

TABLE DES MATIÈRES

Avant-propos...   7

PREMIÈRE PARTIE
Les Animaux.

I. — Yak. — Zébu. — Renne. — Chèvre d'Angora. — Chèvre d'Égypte. — Mouton de l'Yémen. — Mouton du Larzac...   9

II. — Castor. — Marmotte. — Chinchilla. — Lapin angora. — Renard bleu. — Martre.................... 25

III. — Hérisson. — Chauve-souris. — Taupe. — Musaraigne. 32

IV. — *Espèces gallines.* — Poules de Bankiva, malaise, de Nankin, de Crèvecœur, de La Flèche, de Houdan.. 36

V. — *Oiseaux divers pour la basse-cour.* — Pigeon fuyard. — Coq de bruyère. — Perdrix grise. — Colin de Californie. — Faisan commun. — Pintade. — Gélinotte. — Lagopède................................... 46

VI. — *Oiseaux aquatiques.* — Oie de Toulouse. — Canard muet. — Canard mandarin. — Eider............ 56

VII. — Grives. — Étourneaux. — Moineaux............ 61

VIII. — *Oiseaux nocturnes.* — Hibou. — Chouette. — Buse. — Cresserelle. — Corbeau. — Grand-Duc........ 65

IX. — *Poissons.* — Carpe............................... 71

X. — *Insectes.* — Abeille. — Ver à soie du mûrier. — Ver à soie du chêne................................... 73

DEUXIÈME PARTIE

Les Plantes.

I. — *Arbrisseaux fruitiers.* — Vigne. —Cassis. — Groseillier à maquereau. — Framboisier commun....　83

II. — *Racines pour la grande culture.* — Topinambour. — Igname de Chine. — Igname de Decaisne........　88

III. — *Graminées.* — Zizanie aquatique ou riz du Canada..　92

IV. — *Plantes textiles.* — Ortie blanche de la Chine.......　95

V. — *Légumes.* — Cerfeuil bulbeux. — Chervis. — Angélique. — Patate douce. — Tétragonie............　96

VI. — *Arbres.* — Érable à sucre du Canada. — Chênes d'Amérique. —*Sequoia gigantea.* — *Aucuba japonica*....................................　102

TROISIÈME PARTIE

Soins à donner aux animaux et aux plantes récemment importés.

I. — Conditions générales de la réussite dans l'acclimatation.................................　111

II. — Traitements à appliquer aux animaux d'après leur caractère.................................　114

III. — Premiers soins à prendre lors de la réception des animaux.................................　118

IV. — Nourriture et logement des animaux.............　122

V. — Soins hygiéniques et médicaux..................　129

VI. — Gardiens...................................　133

VII. — Soins à donner aux végétaux..................　134

FIN DE LA TABLE DES MATIÈRES.

CORBEIL, typ. et stér. de CRÉTÉ.